Inhaltsverzeichnis

Wiederholung

Zahlen bis 1 000

Arithmetik

⊕ und ⊖

⊙ und (:)

Geometrie

Größen und Sachrechnen

Knobelaufgaben

1 Ausschnitte aus dem Hunderterfeld

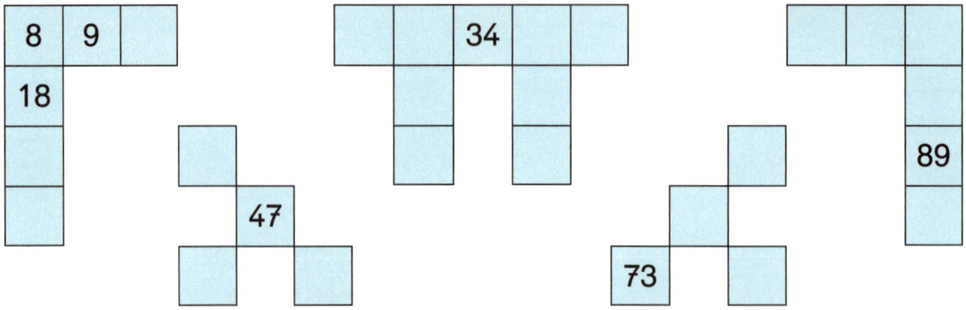

1	2	3	4	5	6				
									20
21									
	32								
				45					
					56				
									70
		73							
						87			
								99	

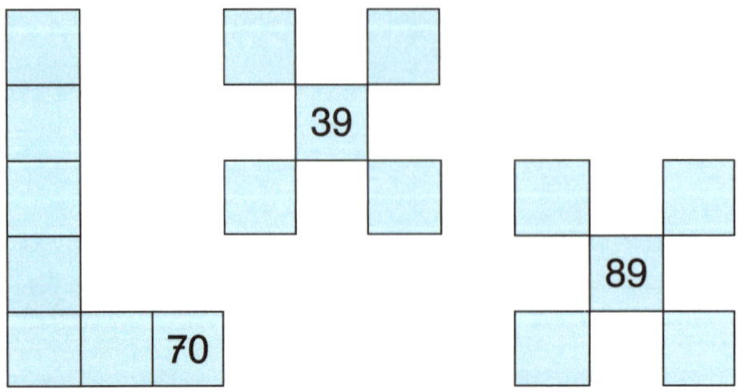

1

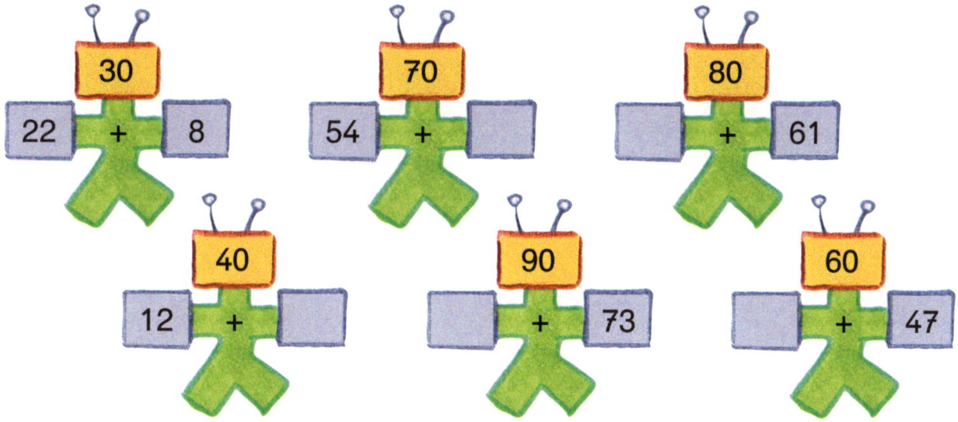

2

+	12	7	23
31			
76			
55			
20			

−	15	21	34
100			
50			
80			
90			

−	12	34	29
46			
89			
67			
72			

3

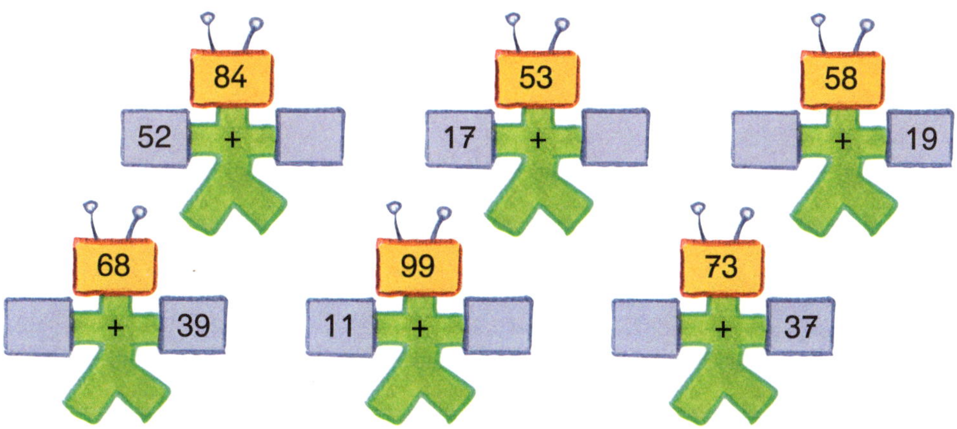

1

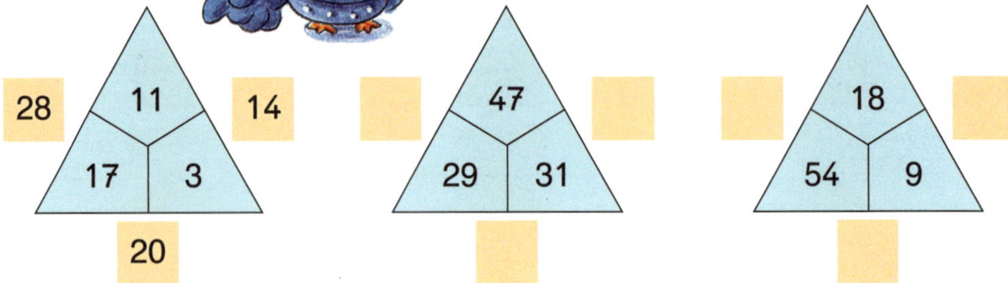

2

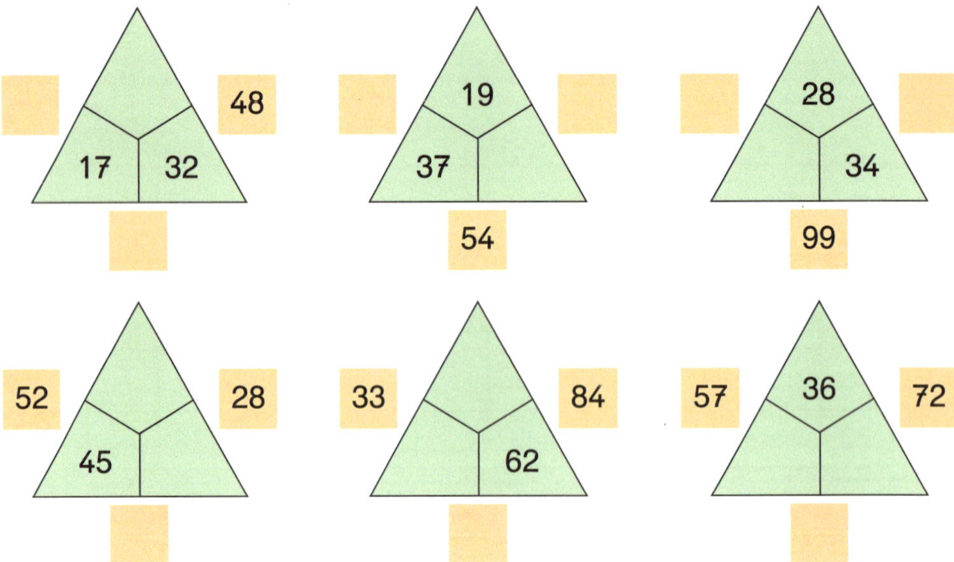

3 Das geht nur mit Probieren.

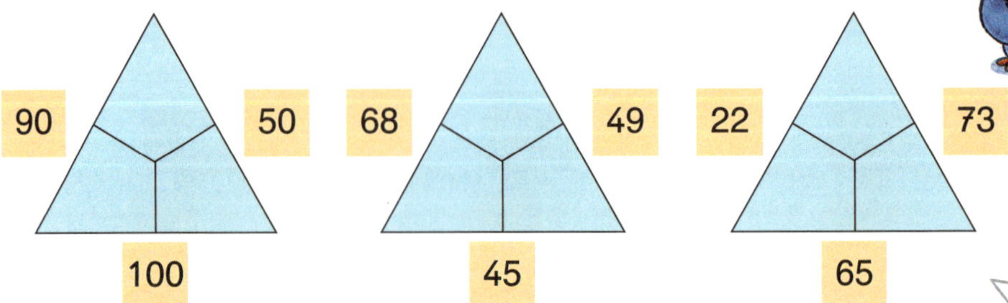

12 13
5 7 6

4

20
8 12
3 5 7
18 7 4
0 24 38
9 12 27
16 16 19

5

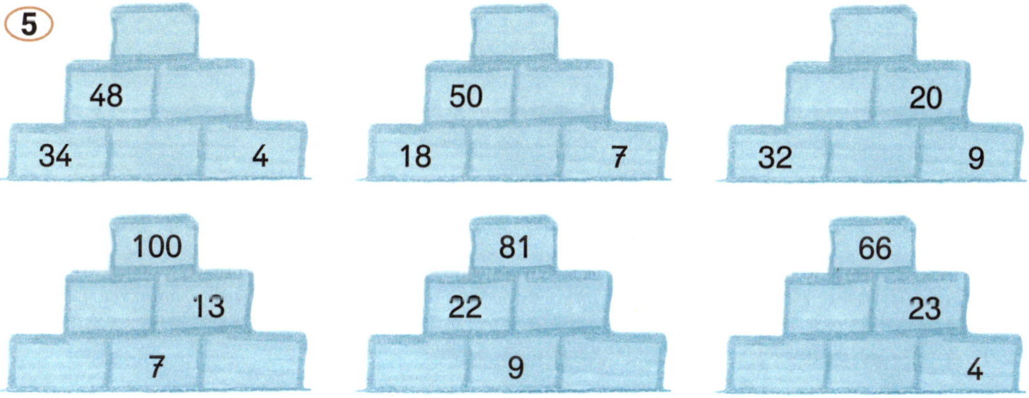
48
34 4
50
18 7
20
32 9
100
13
7
81
22
9
66
23
4

6

7 8 9 10
24
21 16 5
11 2

Denke dir noch mehr
Zahlenmauern und
Rechendreiecke aus.

100
30 15
60 60
100

Andreas wird 9 Jahre alt. Zu seinem Geburtstag darf er 5 Freunde einladen. Seine Mutter besorgt 9 Kerzen zu je 0,50 €, 6 Paar Würstchen zu je 1,10 €, 6 Brötchen zu je 30 ct, Apfelsaft für insgesamt 4,95 € und Süßigkeiten für 3,25 €. Sie bezahlt mit einem 50-€-Schein.

1 Lies den Text genau und beantworte dann diese Fragen:

a) Wie teuer ist eine Kerze? ____________

b) Wie viele Kerzen kauft die Mutter? ____________

c) Was kostet ein Brötchen? ____________

d) Wie viele Brötchen kauft die Mutter? ____________

e) Wie viele Freunde darf Andreas einladen? ____________

f) Wie alt wird Andreas? ____________

g) Was kostet 4,95 €? ______________________

h) Was kostet 3,25 €? ______________________

i) Wie teuer ist ein Paar Würstchen? ____________

j) Wie viele Würstchen kauft die Mutter? ____________

k) Mit welchem Geldschein bezahlt die Mutter? ____________

② Hier musst du rechnen.

a) Was kosten die Würstchen insgesamt?

Rechnung: ______________________

Antwort: Sie kosten insgesamt __________ .

b) Wie teuer sind Apfelsaft und Süßigkeiten zusammen?

Rechnung: ______________________

Antwort: Sie kosten zusammen __________ .

1 Kerze	0,50 €
2 Kerzen	______
4 Kerzen	______
8 Kerzen	______
9 Kerzen	______

c) Wie viel kosten alle Kerzen zusammen?

Rechnung: ______________________

Antwort: Sie kosten insgesamt __________ .

d) Wie teuer sind die Brötchen insgesamt?

Rechnung: ______________________

Antwort: Sie kosten insgesamt __________ .

e) Wie viel muss die Mutter für den ganzen Einkauf bezahlen?

Rechnung: ______________________

____

Antwort: Für den Einkauf bezahlt sie __________ .

f) Wie viel Geld bekommt die Mutter zurück?

Rechnung: ______________________

Antwort: Die Mutter bekommt __________ zurück.

Lesen – fragen – rechnen – antworten

Die Klasse 3a hat bei einem Malwettbewerb 150 € gewonnen. Die Kinder wünschen sich neue Bücher für die Klassenbücherei. Frau Müller kauft Sachbücher für insgesamt 45 €, 10 Taschenbücher zu je 5 €, ein Tierlexikon für 23,50 € und ein Harry-Potter-Buch für 28,50 €.

(1) **Unterstreiche die Fragen:**
grün, wenn du die Antwort sofort im Text findest,
gelb, wenn du erst rechnen musst,
rot, wenn man die Fragen nicht beantworten kann.

a) Reicht das Geld? ____________________

b) Wie viele Bücher werden gekauft? ____________________

c) Wie viel Geld können sie ausgeben? ____________________

d) Wer kauft ein? ____________________

e) Wie viel kostet ein Sachbuch? ____________________

f) Bleibt etwas übrig? ____________________

g) Kann sich die Klasse noch ein weiteres Harry-Potter-Buch leisten? ____________________

h) Wie viele Schüler sind in der 3a? ____________________

i) Wie teuer ist ein Taschenbuch? ____________________

Beantworte nun die grün unterstrichenen Fragen.

② **Rechne und beantworte dann die gelben Fragen.**

③ **Welche Angaben brauchst du noch, damit du auch die roten Fragen beantworten kannst? Kreuze an.**

- ☐ Die Klasse 3a hat 22 Schüler.
- ☐ Frau Müller ist eine nette Lehrerin.
- ☐ Frau Müller kauft die Bücher in der Rathausbuchhandlung.
- ☐ In der Klassenbücherei sind nun 57 Bücher.
- ☐ Es werden 5 Sachbücher gekauft.
- ☐ 10 Kinder haben bereits ein Harry-Potter-Buch gelesen.

④ **Rechne und beantworte auch die roten Fragen.**

5 a) Wie viele Bücher waren vor dem Einkauf in der Klassenbücherei? ______________________

b) Wie viel Geld muss Frau Müller aus der Klassenkasse dazulegen, damit noch ein zweites Harry-Potter-Buch gekauft werden kann?

____

4er-Zahlen: 4, 8, 12, ☆, ☆, ☆, ☆, ☆, ☆, ☆

1
1 · 4 = ___
2 · 4 = ___
3 · 4 = ___
4 · 4 = ___
5 · 4 = ___
6 · 4 = ___
7 · 4 = ___
8 · 4 = ___
9 · 4 = ___
10 · 4 = ___

2
12 = ___ · 4
24 = ___ · 4
32 = ___ · 4
16 = 4 · ___
36 = 4 · ___
28 = 4 · ___

3
8 : 4 = ___
20 : 4 = ___
32 : 4 = ___
24 : 4 = ___
40 : 4 = ___
12 : 4 = ___

4

·	3	6	10	9	11	5	8		
2								8	
4									28

5
17 : 4 = ___ R ___
29 : 4 = ___ R ___
37 : 4 = ___ R ___
25 : 4 = ___ R ___
38 : 4 = ___ R ___
18 : 4 = ___ R ___
31 : 4 = ___ R ___
28 : 4 = ___ R ___
43 : 4 = ___ R ___

6
___ · 4 → 12 ← ___ · 2
___ · 4 → 16 ← ___ · 2
___ · 4 → 20 ← ___ · 2
___ · 4 → 24 ← ___ · 2
___ · 4 → 28 ← ___ · 2
___ · 4 → 36 ← ___ · 2

8er-Zahlen ☆ 8 ☆ 16 ☆ 24 ☆ ☆ ☆ ☆ ☆ ☆ ☆ ☆

① 24 = ____ · 8
____ = 8 · 8
32 = ____ · 8
____ = 9 · 8
56 = ____ · 8
____ = 6 · 8

② 48 : 8 = ____
16 : 8 = ____
80 : 8 = ____
88 : 8 = ____
56 : 8 = ____
32 : 8 = ____

③ 1 · 8 = ____
2 · 8 = ____
3 · 8 = ____
4 · 8 = ____
5 · 8 = ____
6 · 8 = ____
7 · 8 = ____
8 · 8 = ____
9 · 8 = ____
10 · 8 = ____

④

·	3	5	2	7	10	4	8		
2								12	
4									36
8									

⑤ 17 : 8 = ____ R ____
35 : 8 = ____ R ____
29 : 8 = ____ R ____
51 : 8 = ____ R ____
59 : 8 = ____ R ____
63 : 8 = ____ R ____
83 : 8 = ____ R ____
47 : 8 = ____ R ____
38 : 8 = ____ R ____

☆ 6

3	·		=	
·	★★★	:	★★★	:
	·	2	=	8
=	★★★	=	★★★	=
	:		=	

☆

3er-Zahlen: 3, 6, 9, ___, ___, ___, ___, ___, ___, ___

①
1 · 3 = ___
2 · 3 = ___
3 · 3 = ___
4 · 3 = ___
5 · 3 = ___
6 · 3 = ___
7 · 3 = ___
8 · 3 = ___
9 · 3 = ___
10 · 3 = ___

②
12 = ___ · 3
24 = ___ · 3
18 = ___ · 3
27 = 3 · ___
15 = 3 · ___
21 = 3 · ___

③
9 : 3 = ___
18 : 3 = ___
27 : 3 = ___
6 : 3 = ___
12 : 3 = ___
24 : 3 = ___

④

·	4	0	3	6	11	8			
2							18		
3								15	
5									35

⑤
16 : 3 = ___ R ___
22 : 3 = ___ R ___
20 : 3 = ___ R ___
28 : 3 = ___ R ___
10 : 3 = ___ R ___
26 : 3 = ___ R ___
13 : 3 = ___ R ___
17 : 3 = ___ R ___
11 : 3 = ___ R ___

⑥
___ · 3 → 15 ← 3 · ___
___ · 3 → 21 ← 3 · ___
___ · 3 → 27 ← 3 · ___
___ · 3 → 12 ← 6 · ___
6 · ___ → 24 ← ___ · 3
3 · ___ → 24 ← ___ · 2

6er-Zahlen

6 12 18

1

12 = ___ · 6

24 = ___ · 6

36 = ___ · 6

18 = 6 · ___

48 = 6 · ___

54 = 6 · ___

2

42 : 6 = ___

18 : 6 = ___

30 : 6 = ___

6 : 6 = ___

12 : 6 = ___

24 : 6 = ___

3

1 · 6 = ___

2 · 6 = ___

3 · 6 = ___

4 · 6 = ___

5 · 6 = ___

6 · 6 = ___

7 · 6 = ___

8 · 6 = ___

9 · 6 = ___

10 · 6 = ___

4

·	5	2	8	7	0	9	6		
2								6	
3									12
6									

5

19 : 6 = ___ R ___

25 : 6 = ___ R ___

42 : 6 = ___ R ___

37 : 6 = ___ R ___

51 : 6 = ___ R ___

31 : 6 = ___ R ___

35 : 6 = ___ R ___

17 : 6 = ___ R ___

20 : 6 = ___ R ___

6

	:		=	3
:		:		·
	·		=	
=		=		=
	·	3	=	18

Einmaleins-Training

9er-Zahlen: 9, 18, 27, ___, ___, ___, ___, ___, ___, ___

1

1 · 9 = ___

2 · 9 = ___

3 · 9 = ___

4 · 9 = ___

5 · 9 = ___

6 · 9 = ___

7 · 9 = ___

8 · 9 = ___

9 · 9 = ___

10 · 9 = ___

2

36 = ___ · 9

___ = 8 · 9

63 = ___ · 9

___ = 9 · 9

45 = ___ · 9

___ = 6 · 9

3

36 : 9 = ___

63 : 9 = ___

45 : 9 = ___

54 : 9 = ___

27 : 9 = ___

72 : 9 = ___

4

·	6	3	2	8	9	0			
3							12		
6								30	
9									63

5

29 : 9 = ___ R ___

38 : 9 = ___ R ___

23 : 9 = ___ R ___

46 : 9 = ___ R ___

81 : 9 = ___ R ___

53 : 9 = ___ R ___

68 : 9 = ___ R ___

75 : 9 = ___ R ___

80 : 9 = ___ R ___

6 Für Mathe-Super-Stars!

9	·		=	36
·	★★★	·	★★★	:
	·		=	
=	★★★	=	★★★	=
	−		=	6

7er-Zahlen 7 14 21

1

35 = ___ · 7
___ = 8 · 7
21 = ___ · 7
___ = 9 · 7
49 = ___ · 7
___ = 6 · 7

2

35 : 7 = ___
63 : 7 = ___
49 : 7 = ___
56 : 7 = ___
28 : 7 = ___
42 : 7 = ___

3

1 · 7 = ___
2 · 7 = ___
3 · 7 = ___
4 · 7 = ___
5 · 7 = ___
6 · 7 = ___
7 · 7 = ___
8 · 7 = ___
9 · 7 = ___
10 · 7 = ___

4

·	3	8	0	2	4	9			
3								15	
4									24
7							49		

5

25 : 7 = ___ R ___
46 : 7 = ___ R ___
51 : 7 = ___ R ___
40 : 7 = ___ R ___
19 : 7 = ___ R ___
38 : 7 = ___ R ___
60 : 7 = ___ R ___
49 : 7 = ___ R ___
59 : 7 = ___ R ___

6 Für Mathe-Super-Stars!

	·		=	35
·	★★★	·	★★★	+
	·	7	=	
=	★★★	=	★★★	=
	+		=	98

**1 Welche Figuren haben eine Spiegelachse?
Zeichne ein.**

2 Ergänze zu symmetrischen Figuren!

3 Setze die Muster fort.

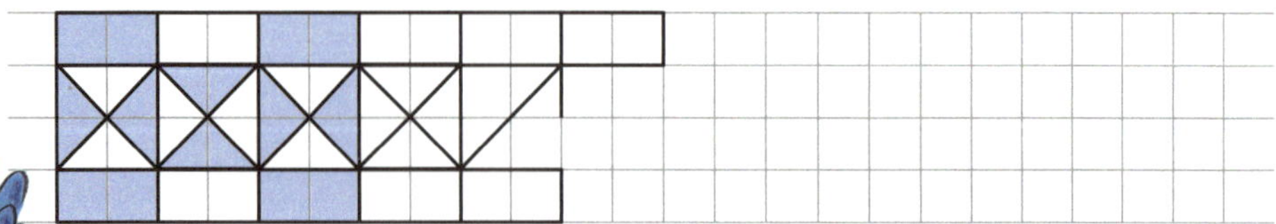

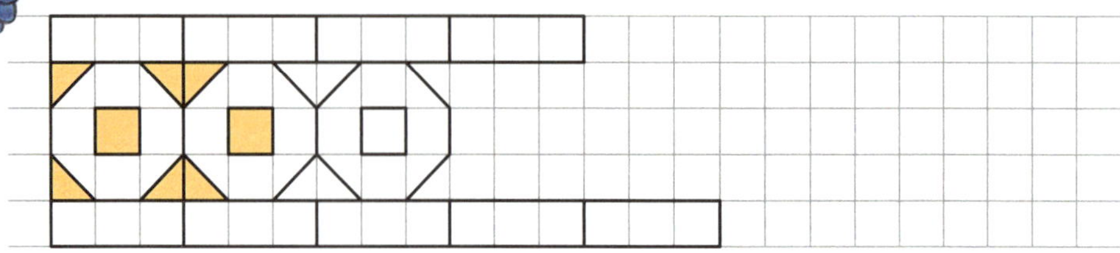

4. **Ergänze zu symmetrischen Figuren.**

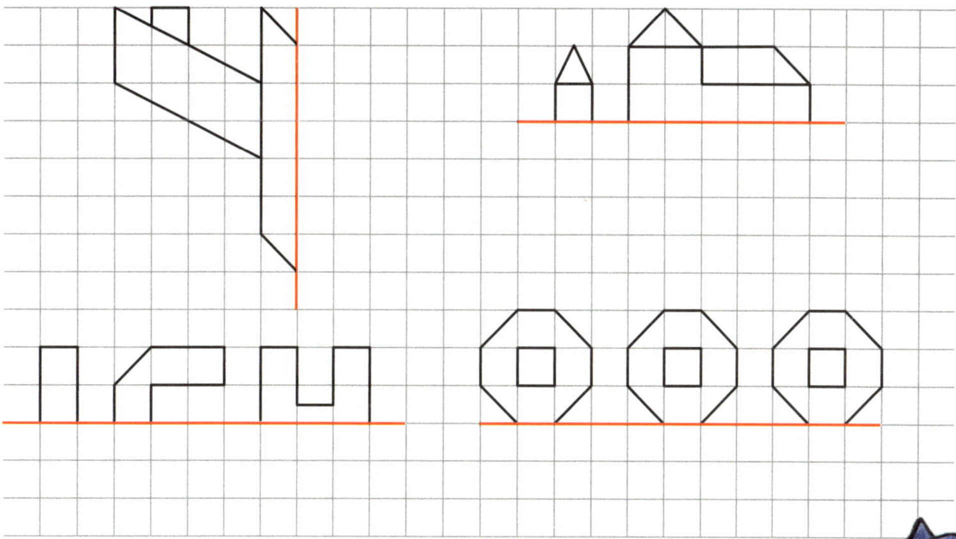

5. **Ergänze so, dass die rote Linie zur Spiegelachse wird!**

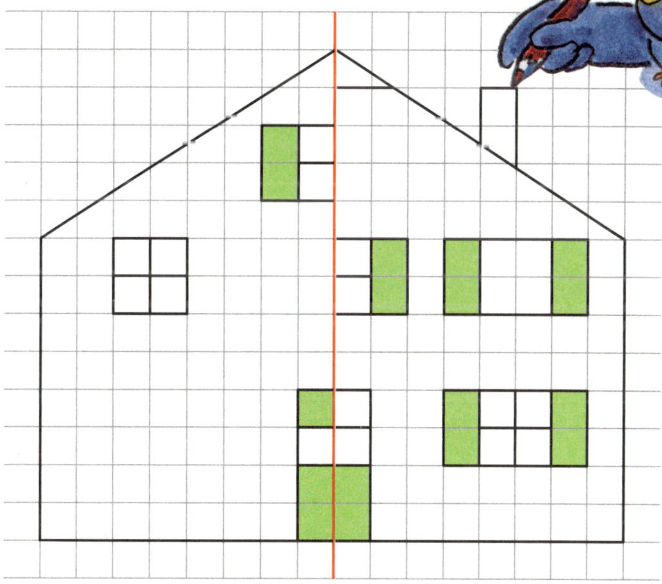

6. **In welche Richtung bewegt sich das rechte Zahnrad?**

1 Welches Bild ist das Spiegelbild? Rahme es ein!

2 Spiegele die gefärbten Felder an beiden Achsen!

③ **Wo sind rechte Winkel? Zeichne sie ein!**

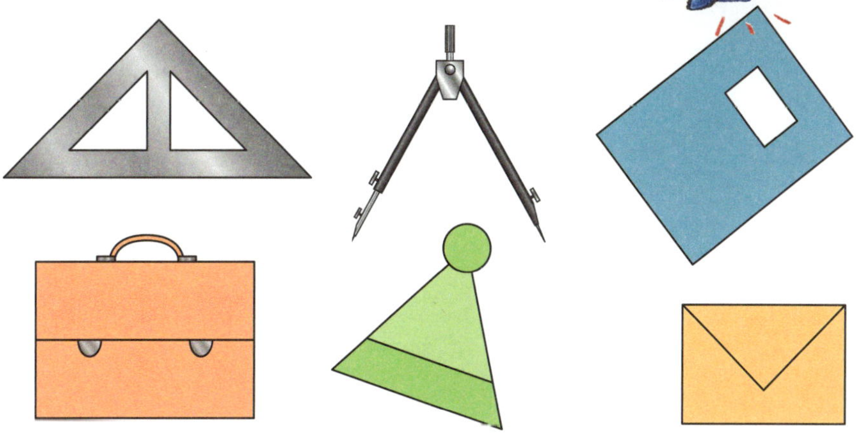

④ **Piratenkapitän Eulalia sucht einen Schatz. Laut Schatzkarte muss sie am Wegweiser im rechten Winkel nach rechts abbiegen. Worauf läuft sie zu? Kreise das Ziel ein.**

⑤ **In welche Richtung bewegt sich die Eulalia?**

1

Zahldarstellung	T	H	Z	E	Zahl
	1	3	2	6	1326

		4	0	6	
					1230

2

Zahlwort	H	Z	E	Zahl	Zerlegung
vierhundertneunundfünfzig	4	5	9	459	400 + 50 + 9
sechshundertdreiundvierzig					
siebenhundertacht					

3

200 + 200 = ______

600 + 300 = ______

400 + 100 = ______

100 + ______ = 1000

300 + ______ = 1000

400 + ______ = 1000

4

600 – 200 = ______

900 – 500 = ______

300 – 200 = ______

1000 – ______ = 200

1000 – ______ = 100

1000 – ______ = 700

5 **Tausenderfreunde**

6

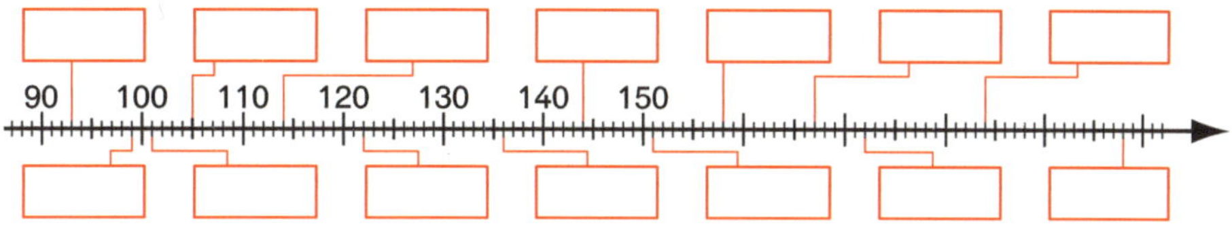

7

Nachbarzahlen			Zehnernachbarn			Hunderternachbarn		
290	291	292	650	652	660	300	381	400
____	317	____	____	731	____	____	439	____
____	999	____	____	899	____	____	712	____
____	301	____	____	224	____	____	901	____

8

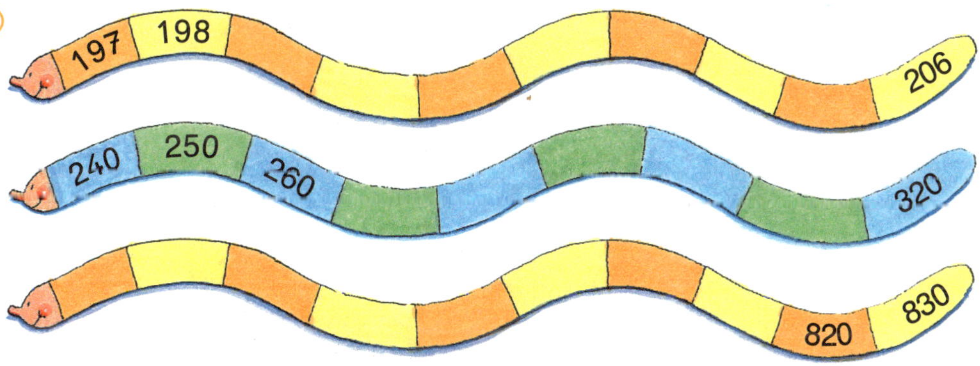

9 **Ordne der Größe nach:**

a) 123, ____, ____, ____, ____, ____, ____

b) ____, ____, ____, ____, ____, ____, ____

c) ____, ____, ____, ____, ____, ____, ____

1 **Ausschnitte aus verschiedenen Hunderterfeldern**

213	214	215
223	224	225
	234	

	324	

	424	

		639

	815	

		890

		746	

		188		

2 **Verbinde die Zahlen von 958 bis 1000.**

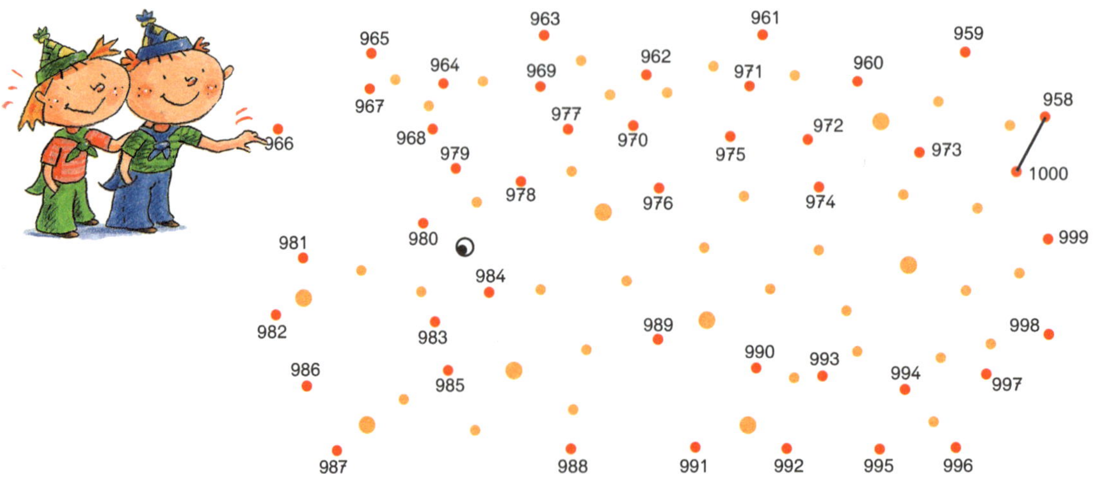

3

1000 = ______ · 200

1000 = ______ · 100

1000 = ______ · 500

1000 = ______ · 250

4 **Zahlenrätsel**

Meine Zahl hat 3 gleiche Ziffern. Sie ist gerade und kleiner als 400.

Sie heißt ______.

Meine Zahl hat die Ziffern 3, 6, 8. Sie ist größer als das Doppelte von 420.

Sie heißt ______.

5 **Rechne zum nächsten Zehner.**

312 + ____ = 320	717 – ____ = 710	634 – ____ = ______
438 + ____ = ______	639 – ____ = ______	634 + ____ = ______
624 + ____ = ______	846 – ____ = ______	997 + ____ = ______
891 + ____ = ______	758 – ____ = ______	997 – ____ = ______

6 **Zahlenfolgen**

380, 385, 390, ______, ______, ______, ______, 415

925, 920, 915, ______, ______, ______, ______, 890

889, 891, 893, ______, ______, ______, ______, 903

413, 411, 409, ______, ______, ______, ______, 399

671, 681, 691, ______, ______, ______, ______, 741

1000, 990, 980, ______, ______, ______, ______, 930

7 ______, 595, ______, ______, 610, ______, ______, 625

916, ______, 924, ______, ______, 936, ______, ______

240, 310, 290, 360, ______, ______, ______, ______

813, 801, 806, 794, ______, ______, ______, ______

Rechnen mit Euro und Cent

1 Zähle zusammen.

2 Welche Münze fehlt?

9,75 €

20,15 €

3

3 € 20 ct	=	3,20 €	4,16 €	=	___ ct
7 €	=	___ €	6,20 €	=	___ ct
10 € 5 ct	=	___ €	10,04 €	=	___ ct
2 € 70 ct	=	___ €	7,00 €	=	___ ct
83 ct	=	___ €	0,48 €	=	___ ct

4 Was kostet wie viel? Verbinde.

45 ct	2,99 €	49 €	299 €	89 €	990 €

5

20 €	
7 €	
	10 €
4,70 €	
	15 €
11,11 €	

50 €	
	30 €
18 €	
	12,50 €
40,03 €	
	26,30 €

6 **Färbe gleiche Beträge mit derselben Farbe.**

34 € 80 ct	0 € 16 ct	1 € 60 ct	3 € 48 ct
1,60 €	34,80 €	0,16 €	3,48 €
16 ct	348 ct	3480 ct	160 ct

7

Preis	gegeben	zurück
2,98 €		
6,74 €		

39,60 €		

Sachaufgabe oder Kapitänsaufgabe?

Welche Aufgaben kann man nicht lösen?
Kreuze sie an ☒. Solche Aufgaben nennt man auch Kapitänsaufgaben. Löse alle anderen Aufgaben.

(1) ☐ Anna verteilt je 6 Bonbons an ihre Freundinnen.
Wie viele Freundinnen hat Anna?

Antwort:
Anna hat ___ Freundinnen.

(2) ☐ Johannes kauft auf dem Flohmarkt 4 CDs zu je 3 €, 3 Kartenspiele zu je 2 € und 2 Bücher zu je 4 €.
Wie viel muss er insgesamt bezahlen?

Antwort:
Er muss _______ bezahlen.

(3) ☐ Michael fährt um 14.20 Uhr mit dem Fahrrad von zu Hause los. Bei seinem Freund kommt er um 14.45 Uhr an. Sie spielen zusammen Fußball.
Wann ist er wieder zu Hause?

Antwort:
Um ___ Uhr ist er zu Hause.

④ Sofie wünscht sich ein neues Fahrrad.
☐ 120 € bekommt sie zum Geburtstag. Von ihrem Taschengeld spart sie jeden Monat 12 €. Wann kann sie das Fahrrad kaufen?

Antwort:
Sie kann es nach ___ Monaten kaufen.

⑤ Franz geht mit seinen Freunden ins
☐ Erlebnisbad. Insgesamt bezahlen sie 21,60 € an der Kasse. Wie viele Freunde hat Franz dabei, wenn der Eintritt pro Person 7,20 € kostet?

Antwort:
Er hat ___ Freunde dabei.

⑥ Marlene kauft ein Brot für 1,60 €,
☐ 2 Hörnchen zu je 75 ct und 2 Flaschen Milch zu je 65 ct. Sie bezahlt mit einem 10-€-Schein. Wie viel Geld bekommt sie zurück?

Antwort:
Sie bekommt _______________ zurück.

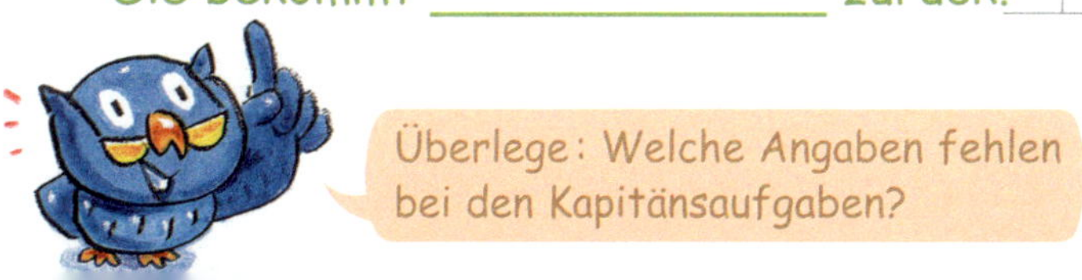

Welche Rechnung gehört zu welcher Sachaufgabe?

(1) Simon liest ein spannendes Buch. Nur noch 43 Seiten, dann hat er das 194 Seiten dicke Buch ausgelesen. Auf welcher Seite liest er gerade?

Antwort:
Er liest auf Seite _____ .

(2) Mateja wünscht sich ein Fahrrad für 268 €, ein Beleuchtungsset für 45 € und einen Helm für 37 €. Was kostet alles zusammen?

Antwort:
Alles zusammen kostet ______ .

(3) Familie Männel kauft einen neuen Computer für 795 €. Die beiden Kinder haben insgesamt 118 € dafür gespart, den Rest bezahlen die Eltern. Wie viel müssen die Eltern bezahlen?

Antwort:
Die Eltern bezahlen ______ .

[ ] 194 ◯ 43 = ______

[ ] 250 ◯ 187 = ______

[ ] 38 km ◯ 42 km ◯ 36 km = ______ km
183 km ◯ ______ km = ______ km

④ Für die Aktion „Gesundes Pausenbrot“ besorgten die Eltern der 3. und 4. Klassen Vollkornbrot für 27 €, Käse für 32 €, Gurken und Tomaten für insgesamt 29 € und Fruchtsäfte für 48 €.
Wie teuer war alles zusammen?

Antwort:
Alles zusammen kostete ______ .

⑤ Für die Theateraufführung gibt es 250 Zuschauerplätze. 187 Eintrittskarten wurden bereits verkauft.
Wie viele Karten sind noch übrig?

Antwort:
Es sind noch ______ Karten übrig.

⑥ Familie Hofer macht eine Radtour.
Am ersten Tag fahren sie 38 km, am 2. Tag 42 km und am 3. Tag 36 km.
Wie viele km müssen die Hofers noch zurücklegen, wenn die gesamte Strecke 183 km lang ist?

Antwort:
Sie müssen noch ______ zurücklegen.

268 € ◯ 45 € ◯ 37 € = ______ €

795 € ◯ 118 € = ______ €

27 € ◯ 32 € ◯ 29 € ◯ 48 € = ______ €

1

3 + 5 = ____ 4 + 4 = ____

30 + 50 = ____ 40 + 40 = ____

300 + 500 = ____ 400 + 400 = ____

2

400	100	300

240	110	330

180	330	90

3

400 + 300 = ____ 600 + 200 = ____ 200 + 400 = ____

450 + 300 = ____ 610 + 200 = ____ 260 + 400 = ____

450 + 320 = ____ 610 + 280 = ____ 260 + 420 = ____

4

900			
400			
	100		
	100		

860			
630			
480			
350			

5

8 – 3 = ____ 9 – 7 = ____ 7 – 2 = ____

80 – 30 = ____ 90 – 70 = ____ 70 – 20 = ____

800 – 300 = ____ 900 – 700 = ____ 700 – 200 = ____

6

–	70	270
790		
700		

–	30	
560		130
500		

–		540
870		
800	760	

7

−	6	8
35		
235		
935		

+	5	9
48		
548		
648		

−	4	7
61		
861		
361		

+	6	9
84		
684		
284		

8

+	7	70	700
228			
146			
217			
133			

−	6	60	66
430			
720			
640			
550			

−	30	130	330
936			
853			
766			
428			

9

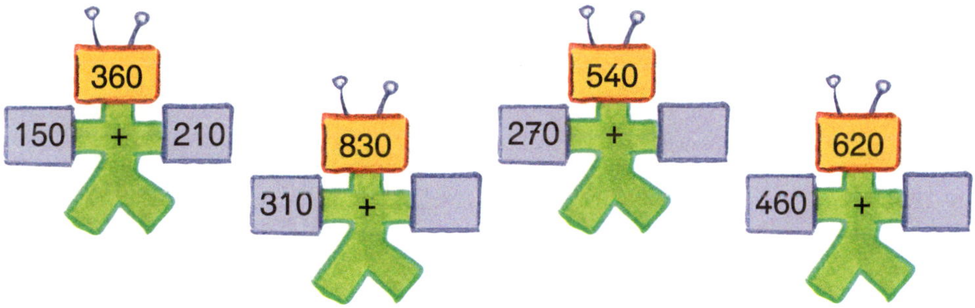

10 **Setze ⊕ oder ⊖ ein.**

230 ◯ 170 ◯ 60 = 120

450 ◯ 360 ◯ 130 = 680

670 ◯ 420 ◯ 180 ◯ 370 = 440

1 359 + 173 =

+ 100 + 70 + 3

359 459 529 532

562 + 286 =

562

243 + 671 =

243

456 + 169 =

456

754 + 167 =

754

186 + 665 =

186

637 + 284 =

637

2 **Richtig oder falsch?**
Kreuze an:

418 + 358 = 876

418

☐ richtig ☐ falsch

532 + 279 = 801

532

☐ richtig ☐ falsch

Lösungen Mathe-Stars 3
(zum Heraustrennen die mittlere Klammer lösen)

① **Ausschnitte aus dem Hunderterfeld**

8 | 9 | 10
18
28
38

36
47
56 | 58

32 | 33 | 34 | 35 | 36
43 | 45
53 | 55

55
64
73 | 75

67 | 68 | 69
79
89
99

47, 57, 67, 77, 87

1	2	3	4	5	6	7	8	9	10
11	12	13	14	15	16	17	18	19	20
21	22	23	24	25	26	27	28	29	30
31	32	33	34	35	36	37	38	39	40
41	42	43	44	45	46	47	48	49	50
51	52	53	54	55	56	57	58	59	60
61	62	63	64	65	66	67	68	69	70
71	72	73	74	75	76	77	78	79	80
81	82	83	84	85	86	87	88	89	90
91	92	93	94	95	96	97	98	99	100

16, 26, 36, 46, 56

3, 13, 23, 33

24, 34, 44, 54

28
38
48
58
68 | 69 | 70

28 | 30
39
48 | 50

78 | 80
89
98 | 100

70
80
90
98 | 99 | 100

①

30: 22 + 8
70: 54 + 16
80: 19 + 61
40: 12 + 28
90: 17 + 73
60: 13 + 47

②

+	12	7	23
31	43	38	54
76	88	83	99
55	67	62	78
20	32	27	43

–	15	21	34
100	85	79	66
50	35	29	16
80	65	59	46
90	75	69	56

–	12	34	29
46	34	12	17
89	77	55	60
67	55	33	38
72	60	38	43

③

84: 52 + 32
53: 17 + 36
58: 39 + 19
68: 29 + 39
99: 11 + 88
73: 36 + 37

①

28 | 11 | 14 — 17 | 3 — 20
76 | 47 | 78 — 29 | 31 — 60
72 | 18 | 27 — 54 | 9 — 63

②

33 | 16 | 48 — 17 | 32 — 49
56 | 19 | 36 — 37 | 17 — 54
93 | 28 | 62 — 65 | 34 — 99

52 | 7 | 28 — 45 | 21 — 66
33 | 22 | 84 — 11 | 62 — 73
57 | 36 | 72 — 21 | 36 — 57

③ **Das geht nur mit Probieren.**

90 | 20 | 50 — 70 | 30 — 100
68 | 36 | 49 — 32 | 13 — 45
22 | 15 | 73 — 7 | 58 — 65

④

20
8 | 12
3 | 5 | 7

36
25 | 11
18 | 7 | 4

86
24 | 62
0 | 24 | 38

60
21 | 39
9 | 12 | 27

67
32 | 35
16 | 16 | 19

⑤

66
48 | 18
34 | 14 | 4

89
50 | 39
18 | 32 | 7

63
43 | 20
32 | 11 | 9

100
87 | 13
80 | 7 | 6

81
22 | 59
13 | 9 | 50

66
43 | 23
24 | 19 | 4

⑥

68
32 | 36
15 | 17 | 19
7 | 8 | 9 | 10

98
61 | 37
37 | 24 | 13
21 | 16 | 8 | 5
10 | 11 | 5 | 3 | 2

Andreas wird 9 Jahre alt. Zu seinem Geburtstag darf er 5 Freunde einladen. Seine Mutter besorgt 9 Kerzen zu je 0,50 €, 6 Paar Würstchen zu je 1,10 €, 6 Brötchen zu je 30 ct, Apfelsaft für insgesamt 4,95 € und Süßigkeiten für 3,25 €. Sie bezahlt mit einem 50-€-Schein.

(1) Lies den Text genau und beantworte dann diese Fragen:

a) Wie teuer ist eine Kerze? 0,50 €

b) Wie viele Kerzen kauft die Mutter? 9

c) Was kostet ein Brötchen? 30 ct

d) Wie viele Brötchen kauft die Mutter? 6

e) Wie viele Freunde darf Andreas einladen? 5

f) Wie alt wird Andreas? 9 Jahre

g) Was kostet 4,95 €? Apfelsaft

h) Was kostet 3,25 €? Süßigkeiten

i) Wie teuer ist ein Paar Würstchen? 1,10 €

j) Wie viele Würstchen kauft die Mutter? 6 Paar

k) Mit welchem Geldschein bezahlt die Mutter? 50 €

(2) Hier musst du rechnen.

a) Was kosten die Würstchen insgesamt?

Rechnung: 6 · 1,10 € = 6,60 €

Antwort: Sie kosten insgesamt 6,60 €.

b) Wie teuer sind Apfelsaft und Süßigkeiten zusammen?

Rechnung: 4,95 € + 3,25 € = 8,20 €

Antwort: Sie kosten zusammen 8,20 €.

c) Wie viel kosten alle Kerzen zusammen?

Rechnung: 9 · 0,50 € = 4,50 €

Antwort: Sie kosten insgesamt 4,50 €.

1 Kerze	0,50 €
2 Kerzen	1 €
4 Kerzen	2 €
8 Kerzen	4 €
9 Kerzen	4,50 €

d) Wie teuer sind die Brötchen insgesamt?

Rechnung: 6 · 30 ct = 180 ct = 1,80 €

Antwort: Sie kosten insgesamt 1,80 €.

e) Wie viel muss die Mutter für den ganzen Einkauf bezahlen?

Rechnung: 6,60 € + 8,20 € + 4,50 € + 1,80 € = 21,10 €

Antwort: Für den Einkauf bezahlt sie 21,10 €.

f) Wie viel Geld bekommt die Mutter zurück?

Rechnung: 50 € – 21,10 € = 28,90 €

Antwort: Die Mutter bekommt 28,90 € zurück.

Die Klasse 3a hat bei einem Malwettbewerb 150 € gewonnen. Die Kinder wünschen sich neue Bücher für die Klassenbücherei. Frau Müller kauft Sachbücher für insgesamt 45 €, 10 Taschenbücher zu je 5 €, ein Tierlexikon für 23,50 € und ein Harry-Potter-Buch für 28,50 €.

(1) Unterstreiche die Fragen:

grün, wenn du die Antwort sofort im Text findest,
gelb, wenn du erst rechnen musst,
rot, wenn man die Fragen nicht beantworten kann.

a) Reicht das Geld? Das Geld reicht.

b) Wie viele Bücher werden gekauft? 17 Bücher

c) Wie viel Geld können sie ausgeben? 150 €

d) Wer kauft ein? Frau Müller

e) Wie viel kostet ein Sachbuch? 9 €

f) Bleibt etwas übrig? 3 € bleiben übrig.

g) Kann sich die Klasse noch ein weiteres Harry-Potter-Buch leisten? Sie kann sich kein weiteres Buch leisten.

h) Wie viele Schüler sind in der 3a? 22 Schüler

i) Wie teuer ist ein Taschenbuch? 5 €

Beantworte nun die grün unterstrichenen Fragen.

(2) Rechne und beantworte dann die gelben Fragen.

a) 45 € + 50 € + 23,50 € + 28,50 € =
= 147 €

f) 150 € – 147 € = 3 €

(3) Welche Angaben brauchst du noch, damit du auch die roten Fragen beantworten kannst? Kreuze an.

- [x] Die Klasse 3a hat 22 Schüler.
- [ ] Frau Müller ist eine nette Lehrerin.
- [ ] Frau Müller kauft die Bücher in der Rathausbuchhandlung.
- [x] In der Klassenbücherei sind nun 57 Bücher. (Aufg. 5)
- [x] Es werden 5 Sachbücher gekauft.
- [ ] 10 Kinder haben bereits ein Harry-Potter-Buch gelesen.

(4) Rechne und beantworte auch die roten Fragen.

b) 5 + 10 + 1 + 1 = 17

e) 45 € : 5 = 9 €

Für Mathe-Super-Stars!

5 a) Wie viele Bücher waren vor dem Einkauf in der Klassenbücherei? 57 – 17 = 40 Bücher

b) Wie viel Geld muss Frau Müller aus der Klassenkasse dazulegen, damit noch ein zweites Harry-Potter-Buch gekauft werden kann?

28,50 € – 3 € = 25,50 €

4er-Zahlen

4 8 12 16 20 24 28 32 36 40

① 1 · 4 = 4
2 · 4 = 8
3 · 4 = 12
4 · 4 = 16
5 · 4 = 20
6 · 4 = 24
7 · 4 = 28
8 · 4 = 32
9 · 4 = 36
10 · 4 = 40

② 12 = 3 · 4
24 = 6 · 4
32 = 8 · 4
16 = 4 · 4
36 = 4 · 9
28 = 4 · 7

③ 8 : 4 = 2
20 : 4 = 5
32 : 4 = 8
24 : 4 = 6
40 : 4 = 10
12 : 4 = 3

④

·	3	6	10	9	11	5	8	4	7
2	6	12	20	18	22	10	16	8	14
4	12	24	40	36	44	20	32	16	28

⑤ 17 : 4 = 4 R 1
29 : 4 = 7 R 1
37 : 4 = 9 R 1
25 : 4 = 6 R 1
38 : 4 = 9 R 2
18 : 4 = 4 R 2
31 : 4 = 7 R 3
28 : 4 = 7 R 0
43 : 4 = 10 R 3

⑥ 3 · 4 → 12 ← 6 · 2
4 · 4 → 16 ← 8 · 2
5 · 4 → 20 ← 10 · 2
6 · 4 → 24 ← 12 · 2
7 · 4 → 28 ← 14 · 2
9 · 4 → 36 ← 18 · 2

8er-Zahlen

8 16 24 32 40 48 56 64 72 80

① 24 = 3 · 8
64 = 8 · 8
32 = 4 · 8
72 = 9 · 8
56 = 7 · 8
48 = 6 · 8

② 48 : 8 = 6
16 : 8 = 2
80 : 8 = 10
88 : 8 = 11
56 : 8 = 7
32 : 8 = 4

③ 1 · 8 = 8
2 · 8 = 16
3 · 8 = 24
4 · 8 = 32
5 · 8 = 40
6 · 8 = 48
7 · 8 = 56
8 · 8 = 64
9 · 8 = 72
10 · 8 = 80

④

·	3	5	2	7	10	4	8	6	9
2	6	10	4	14	20	8	16	12	18
4	12	20	8	28	40	16	32	24	36
8	24	40	16	56	80	32	64	48	72

⑤ 17 : 8 = 2 R 1
35 : 8 = 4 R 3
29 : 8 = 3 R 5
51 : 8 = 6 R 3
59 : 8 = 7 R 3
63 : 8 = 7 R 7
83 : 8 = 10 R 3
47 : 8 = 5 R 7
38 : 8 = 4 R 6

⑥

3	·	8	=	24
·	★★	:	★★	:
4	·	2	=	8
=	★★	=	★★	=
12	:	4	=	3

3er-Zahlen

3 6 9 12 15 18 21 24 27 30

① 1 · 3 = 3
2 · 3 = 6
3 · 3 = 9
4 · 3 = 12
5 · 3 = 15
6 · 3 = 18
7 · 3 = 21
8 · 3 = 24
9 · 3 = 27
10 · 3 = 30

② 12 = 4 · 3
24 = 8 · 3
18 = 6 · 3
27 = 3 · 9
15 = 3 · 5
21 = 3 · 7

③ 9 : 3 = 3
18 : 3 = 6
27 : 3 = 9
6 : 3 = 2
12 : 3 = 4
24 : 3 = 8

④

·	4	0	3	6	11	8	9	5	7
2	8	0	6	12	22	16	18	10	14
3	12	0	9	18	33	24	27	15	21
5	20	0	15	30	55	40	45	25	35

⑤ 16 : 3 = 5 R 1
22 : 3 = 7 R 1
20 : 3 = 6 R 2
28 : 3 = 9 R 1
10 : 3 = 3 R 1
26 : 3 = 8 R 2
13 : 3 = 4 R 1
17 : 3 = 5 R 2
11 : 3 = 3 R 2

⑥ 5 · 3 → 15 ← 3 · 5
7 · 3 → 21 ← 3 · 7
9 · 3 → 27 ← 3 · 9
4 · 3 → 12 ← 6 · 2
6 · 4 → 24 ← 8 · 3
3 · 8 → 24 ← 12 · 2

6er-Zahlen

6 12 18 24 30 36 42 48 54 60

① 12 = 2 · 6
24 = 4 · 6
36 = 6 · 6
18 = 6 · 3
48 = 6 · 8
54 = 6 · 9

② 42 : 6 = 7
18 : 6 = 3
30 : 6 = 5
6 : 6 = 1
12 : 6 = 2
24 : 6 = 4

③ 1 · 6 = 6
2 · 6 = 12
3 · 6 = 18
4 · 6 = 24
5 · 6 = 30
6 · 6 = 36
7 · 6 = 42
8 · 6 = 48
9 · 6 = 54
10 · 6 = 60

④

·	5	2	8	7	0	9	6	3	4
2	10	4	16	14	0	18	12	6	8
3	15	6	24	21	0	27	18	9	12
6	30	12	48	42	0	54	36	18	24

⑤ 19 : 6 = 3 R 1
25 : 6 = 4 R 1
42 : 6 = 7 R 0
37 : 6 = 6 R 1
51 : 6 = 8 R 3
31 : 6 = 5 R 1
35 : 6 = 5 R 5
17 : 6 = 2 R 5
20 : 6 = 3 R 2

⑥

18	:	6	=	3
:	★★	:	★★	·
3	·	2	=	6
=	★★	=	★★	=
6	·	3	=	18

Einmaleins-Training

9er-Zahlen: 9, 18, 27, 36, 45, 54, 63, 72, 81, 90

① 1 · 9 = 9
2 · 9 = 18
3 · 9 = 27
4 · 9 = 36
5 · 9 = 45
6 · 9 = 54
7 · 9 = 63
8 · 9 = 72
9 · 9 = 81
10 · 9 = 90

② 36 = 4 · 9
72 = 8 · 9
63 = 7 · 9
81 = 9 · 9
45 = 5 · 9
54 = 6 · 9

③ 36 : 9 = 4
63 : 9 = 7
45 : 9 = 5
54 : 9 = 6
27 : 9 = 3
72 : 9 = 8

④

·	6	3	2	8	9	0	4	5	7
3	18	9	6	24	27	0	12	15	21
6	36	18	12	48	54	0	24	30	42
9	54	27	18	72	81	0	36	45	63

⑤ 29 : 9 = 3 R 2
38 : 9 = 4 R 2
23 : 9 = 2 R 5
46 : 9 = 5 R 1
81 : 9 = 9 R 0
53 : 9 = 5 R 8
68 : 9 = 7 R 5
75 : 9 = 8 R 3
80 : 9 = 8 R 8

6 Für Mathe-Super-Stars!

9	·	4	=	36
·	★★	·	★★	:
2	·	3	=	6
=	★★	=	★★	=
18	−	12	=	6

7er-Zahlen: 7, 14, 21, 28, 35, 42, 49, 56, 63, 70

① 35 = 5 · 7
56 = 8 · 7
21 = 3 · 7
63 = 9 · 7
49 = 7 · 7
42 = 6 · 7

② 35 : 7 = 5
63 : 7 = 9
49 : 7 = 7
56 : 7 = 8
28 : 7 = 4
42 : 7 = 6

③ 1 · 7 = 7
2 · 7 = 14
3 · 7 = 21
4 · 7 = 28
5 · 7 = 35
6 · 7 = 42
7 · 7 = 49
8 · 7 = 56
9 · 7 = 63
10 · 7 = 70

④

·	3	8	0	2	4	9	7	5	6
3	9	24	0	6	12	27	21	15	18
4	12	32	0	8	16	36	28	20	24
7	21	56	0	14	28	63	49	35	42

⑤ 25 : 7 = 3 R 4
46 : 7 = 6 R 4
51 : 7 = 7 R 2
40 : 7 = 5 R 5
19 : 7 = 2 R 5
38 : 7 = 5 R 3
60 : 7 = 8 R 4
49 : 7 = 7 R 0
59 : 7 = 8 R 3

6 Für Mathe-Super-Stars!

7	·	5	=	35
·	★★	·	★★	+
9	·	7	=	63
=	★★	=	★★	=
63	+	35	=	98

Symmetrische Figuren und Muster

① **Welche Figuren haben eine Spiegelachse? Zeichne ein.**

② **Ergänze zu symmetrischen Figuren!**

③ **Setze die Muster fort.**

④ **Ergänze zu symmetrischen Figuren.**

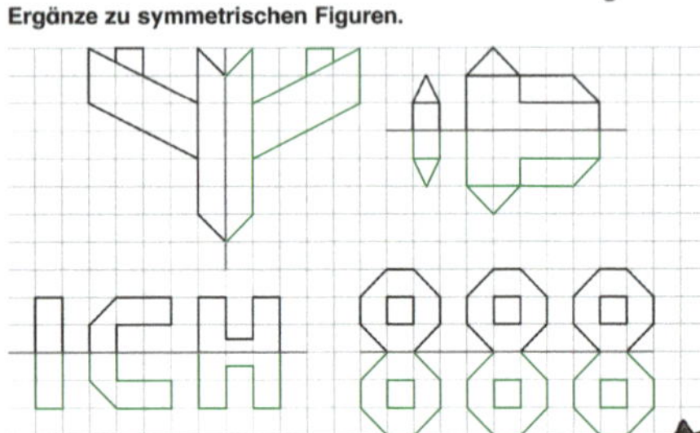

⑤ **Ergänze so, dass die rote Linie zur Spiegelachse wird!**

⑥ **In welche Richtung bewegt sich das rechte Zahnrad?**

Spiegelbilder und rechte Winkel

① **Welches Bild ist das Spiegelbild? Rahme es ein!**

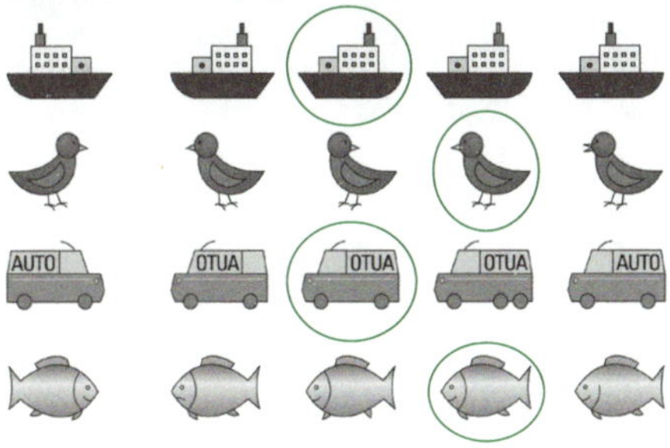

② **Spiegele die gefärbten Felder an beiden Achsen!**

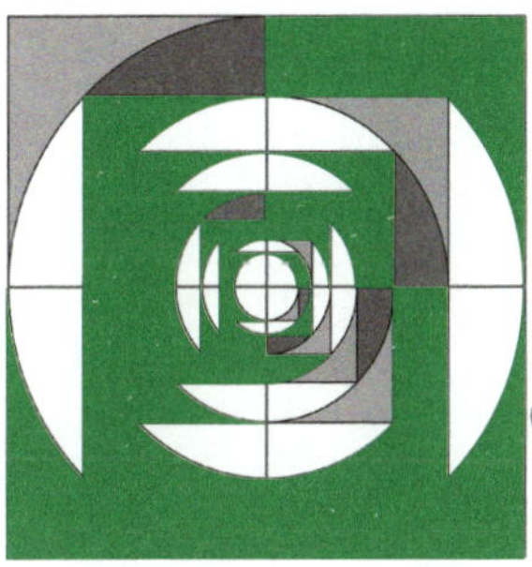

③ **Wo sind rechte Winkel? Zeichne sie ein!**

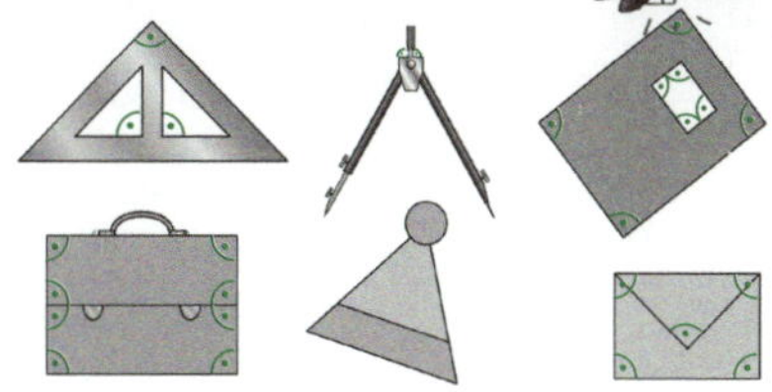

④ **Piratenkapitän Eulalia sucht einen Schatz. Laut Schatzkarte muss sie am Wegweiser im rechten Winkel nach rechts abbiegen. Worauf läuft sie zu? Kreise das Ziel ein.**

⑤ **In welche Richtung bewegt sich die Eulalia?**

Fit im Tausender-Raum!

①

Zahldarstellung	T	H	Z	E	Zahl
	1	3	2	6	1326
	1	5	5	3	1553
	1	2	7	7	1277
		5	8	0	580
	1	0	9	8	1098
		4	0	6	406
	1	2	3	0	1230

②

Zahlwort	H	Z	E	Zahl	Zerlegung
vierhundertneunundfünfzig	4	5	9	459	400 + 50 + 9
sechshundertdreiundvierzig	6	4	3	643	600 + 40 + 3
siebenhundertacht	7	0	8	708	700 + 8

③ 200 + 200 = 400
600 + 300 = 900
400 + 100 = 500

100 + 900 = 1000
300 + 700 = 1000
400 + 600 = 1000

④ 600 – 200 = 400
900 – 500 = 400
300 – 200 = 100

1000 – 800 = 200
1000 – 900 = 100
1000 – 300 = 700

⑤ **Tausenderfreunde**

⑥

93	105	114	144	158	167	184
99	101	122	136	151	172	198

Zahlenstrahl: 90, 100, 110, 120, 130, 140, 150

⑦

Nachbarzahlen			Zehnernachbarn			Hunderternachbarn		
290	291	292	650	652	660	300	381	400
316	317	318	730	731	740	400	430	500
998	999	1000	890	899	900	700	712	800
300	301	302	220	224	230	900	901	1000

⑧

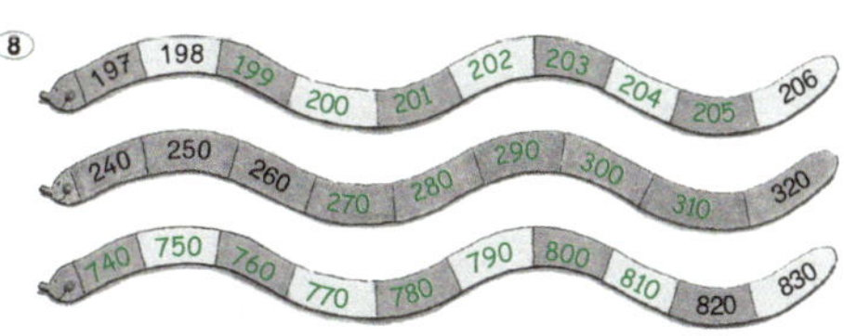

⑨ **Ordne der Größe nach:**

a) 123, 213, 231, 317, 370, 713, 730
b) 98, 809, 890, 899, 908, 980, 989
c) 11, 100, 101, 110, 111, 1000, 1001

① Ausschnitte aus verschiedenen Hunderterfeldern

213	214	215
223	224	225
233	234	235

313	314	315
323	324	325
333	334	335

413	414	415
423	424	425
433	434	435

627			
637		639	
647	648		
			737
744	745	746	

804		806
	815	
		826

878	879	
	889	890
		900

		188		
196	197	198	199	200

② Verbinde die Zahlen von 958 bis 1000.

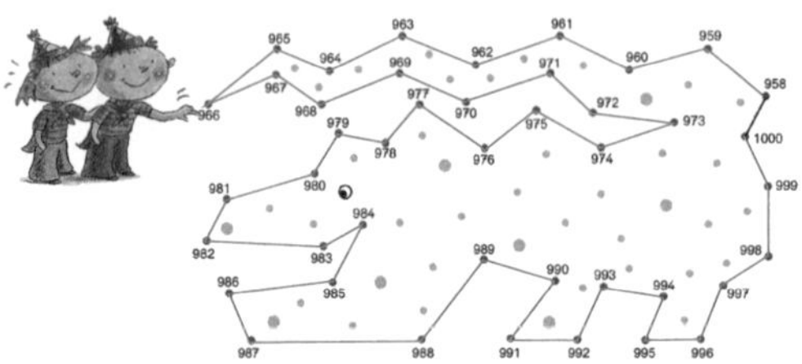

③

1000 = 5 · 200

1000 = 10 · 100

1000 = 2 · 500

1000 = 4 · 250

④ Zahlenrätsel

Meine Zahl hat 3 gleiche Ziffern. Sie ist gerade und kleiner als 400.

Sie heißt 222.

Meine Zahl hat die Ziffern 3, 6, 8. Sie ist größer als das Doppelte von 420.

Sie heißt 863.

⑤ Rechne zum nächsten Zehner.

312 + 8 = 320	717 – 7 = 710	634 – 4 = 630
438 + 2 = 440	639 – 9 = 630	634 + 6 = 640
624 + 6 = 630	846 – 6 = 840	997 + 3 = 1000
891 + 9 = 900	758 – 8 = 750	997 – 7 = 990

⑥ Zahlenfolgen

380, 385, 390, 395, 400, 405, 410, 415

925, 920, 915, 910, 905, 900, 895, 890

889, 891, 893, 895, 897, 899, 901, 903

413, 411, 409, 407, 405, 403, 401, 399

671, 681, 691, 701, 711, 721, 731, 741

1000, 990, 980, 970, 960, 950, 940, 930

Für Mathe-Super-Stars!

7 590, 595, 600, 605, 610, 615, 620, 625

916, 920, 924, 928, 932, 936, 940, 944

240, 310, 290, 360, 340, 410, 390, 460

813, 801, 806, 794, 799, 787, 792, 780

① Zähle zusammen.

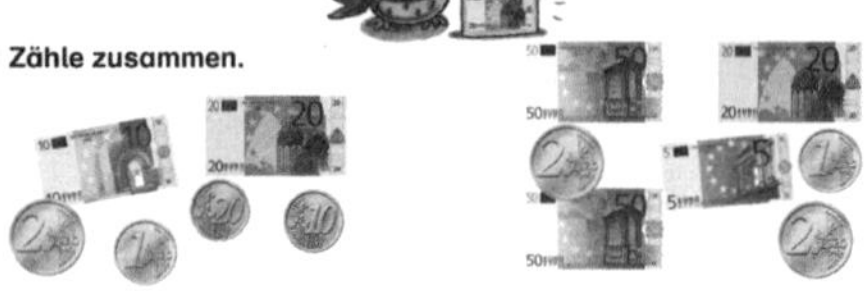

33,30 €

130 €

② Welche Münze fehlt?

1 € — 9,75 €

50 ct — 20,15 €

③

3 € 20 ct = 3,20 €	4,16 € = 416 ct
7 € = 7,00 €	6,20 € = 620 ct
10 € 5 ct = 10,05 €	10,04 € = 1004 ct
2 € 70 ct = 2,70 €	7,00 € = 700 ct
83 ct = 0,83 €	0,48 € = 48 ct

④ Was kostet wie viel? Verbinde.

45 ct | 2,99 € | 49 € | 299 € | 89 € | 990 €

⑤

20 €	
7 €	13 €
10 €	10 €
4,70 €	15,30 €
5 €	15 €
11,11 €	8,99 €

50 €	
20 €	30 €
18 €	32 €
37,50 €	12,50 €
40,03 €	9,97 €
23,70 €	26,30 €

⑥ Färbe gleiche Beträge mit derselben Farbe.

① 34 € 80 ct | ② 0 € 16 ct | ③ 1 € 60 ct | ④ 3 € 48 ct

③ 1,60 € | ① 34,80 € | ② 0,16 € | ④ 3,48 €

② 16 ct | ④ 348 ct | ① 3480 ct | ③ 160 ct

⑦

Preis	gegeben	zurück
2,98 €	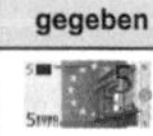	
6,74 €	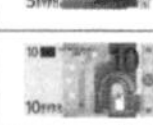	1 € 2 € 20ct 5ct 1ct
13,96 €	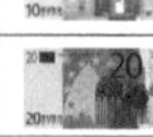	
39,60 €	50 €	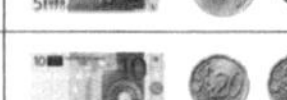

Sachaufgabe oder Kapitänsaufgabe?

Welche Aufgaben kann man nicht lösen? Kreuze sie an ☒. Solche Aufgaben nennt man auch Kapitänsaufgaben. Löse alle anderen Aufgaben.

① ☒ Anna verteilt je 6 Bonbons an ihre Freundinnen. Wie viele Freundinnen hat Anna?

Antwort:
Anna hat ___ Freundinnen.

② ☐ Johannes kauft auf dem Flohmarkt 4 CDs zu je 3 €, 3 Kartenspiele zu je 2 € und 2 Bücher zu je 4 €. Wie viel muss er insgesamt bezahlen?

Antwort:
Er muss 26 € bezahlen.

② 4 · 3 € = 12 €
3 · 2 € = 6 €
2 · 4 € = 8 €
12 € + 6 € + 8 € =
= 26 €

③ ☒ Michael fährt um 14.20 Uhr mit dem Fahrrad von zu Hause los. Bei seinem Freund kommt er um 14.45 Uhr an. Sie spielen zusammen Fuβball. Wann ist er wieder zu Hause?

Antwort:
Um ___ Uhr ist er zu Hause.

④ ☒ Sofie wünscht sich ein neues Fahrrad. 120 € bekommt sie zum Geburtstag. Von ihrem Taschengeld spart sie jeden Monat 12 €. Wann kann sie das Fahrrad kaufen?

Antwort:
Sie kann es nach ___ Monaten kaufen.

⑤ ☐ Franz geht mit seinen Freunden ins Erlebnisbad. Insgesamt bezahlen sie 21,60 € an der Kasse. Wie viele Freunde hat Franz dabei, wenn der Eintritt pro Person 7,20 € kostet?

Antwort:
Er hat 2 Freunde dabei.

⑤ 1 Person 7,20 €
2 Pers. 14,40 €
3 Pers. 21,60 €

⑥ ☐ Marlene kauft ein Brot für 1,60 €, 2 Hörnchen zu je 75 ct und 2 Flaschen Milch zu je 65 ct. Sie bezahlt mit einem 10-€-Schein. Wie viel Geld bekommt sie zurück?

Antwort:
Sie bekommt 5,60 € zurück.

⑥ 2 Hörnchen: 1,50 €
2 Fl. Milch: 1,30 €
1,60 € + 1,50 € + 1,30 € = 4,40 €
10 € - 4,40 € =
5,60 €

Überlege: Welche Angaben fehlen bei den Kapitänsaufgaben?

Sachaufgaben

Welche Rechnung gehört zu welcher Sachaufgabe?

① Simon liest ein spannendes Buch. Nur noch 43 Seiten, dann hat er das 194 Seiten dicke Buch ausgelesen. Auf welcher Seite liest er gerade?

Antwort:
Er liest auf Seite 151.

② Mateja wünscht sich ein Fahrrad für 268 €, ein Beleuchtungsset für 45 € und einen Helm für 37 €. Was kostet alles zusammen?

Antwort:
Alles zusammen kostet 350 €.

③ Familie Männel kauft einen neuen Computer für 795 €. Die beiden Kinder haben insgesamt 118 € dafür gespart, den Rest bezahlen die Eltern. Wie viel müssen die Eltern bezahlen?

Antwort:
Die Eltern bezahlen 677 €.

① 194 (−) 43 = 151

⑤ 250 (−) 187 = 63

⑥ 38 km (+) 42 km (+) 36 km = 116 km
183 km (−) 116 km = 67 km

In die Kästchen kannst du die Nummer der Aufgabe eintragen.

④ Für die Aktion „Gesundes Pausenbrot" besorgten die Eltern der 3. und 4. Klassen Vollkornbrot für 27 €, Käse für 32 €, Gurken und Tomaten für insgesamt 29 € und Fruchtsäfte für 48 €. Wie teuer war alles zusammen?

Antwort:
Alles zusammen kostete 136 €.

⑤ Für die Theateraufführung gibt es 250 Zuschauerplätze. 187 Eintrittskarten wurden bereits verkauft. Wie viele Karten sind noch übrig?

Antwort:
Es sind noch 63 Karten übrig.

⑥ Familie Hofer macht eine Radtour. Am ersten Tag fahren sie 38 km, am 2. Tag 42 km und am 3. Tag 36 km. Wie viele km müssen die Hofers noch zurücklegen, wenn die gesamte Strecke 183 km lang ist?

Antwort:
Sie müssen noch 67 km zurücklegen.

Mein Tipp: Denke dir zu den Rechnungen andere Sachaufgaben aus!

② 268 € (+) 45 € (+) 37 € = 350 €

③ 795 € (−) 118 € = 677 €

④ 27 € (+) 32 € (+) 29 € (+) 48 € = 136 €

Kopfrechnen bis 1000

① 3 + 5 = 8 | 4 + 4 = 8
30 + 50 = 80 | 40 + 40 = 80
300 + 500 = 800 | 400 + 400 = 800

②
900 / 500 400 / 400 100 300
790 / 350 440 / 240 110 330
930 / 510 420 / 180 330 90

③ 400 + 300 = 700 | 600 + 200 = 800 | 200 + 400 = 600
450 + 300 = 750 | 610 + 200 = 810 | 260 + 400 = 660
450 + 320 = 770 | 610 + 280 = 890 | 260 + 420 = 680

④
900 / 400 500 / 300 100 400 / 200 100 0 400
860 / 630 230 / 480 150 80 / 350 130 20 60

⑤ 8 – 3 = 5 | 9 – 7 = 2 | 7 – 2 = 5
80 – 30 = 50 | 90 – 70 = 20 | 70 – 20 = 50
800 – 300 = 500 | 900 – 700 = 200 | 700 – 200 = 500

⑥

–	70	270
790	720	520
700	630	430

–	30	430
560	530	130
500	470	70

–	40	540
870	830	330
800	760	260

⑦

–	6	8
35	29	27
235	229	227
935	929	927

+	5	9
48	53	57
548	553	557
648	653	657

–	4	7
61	57	54
861	857	854
361	357	354

+	6	9
84	90	93
684	690	693
284	290	293

⑧

+	7	70	700
228	235	298	928
146	153	216	846
217	224	287	917
133	240	203	833

–	6	60	66
430	424	370	364
720	714	660	654
640	634	580	574
550	544	490	484

–	30	130	330
936	906	806	606
853	823	723	523
766	736	636	436
428	398	298	98

⑨
360: 150 + 210
830: 310 + 520
540: 270 + 270
620: 460 + 160

10 Setze ⊕ oder ⊖ ein. Für Mathe-Super-Stars!

230 ⊖ 170 ⊕ 60 = 120
450 ⊕ 360 ⊖ 130 = 680
670 ⊖ 420 ⊖ 180 ⊕ 370 = 440

Rechnen mit dem Rechenstrich

① 359 + 173 = 532 (+100, +70, +3): 359, 459, 529, 532
562 + 286 = 848 (+200, +80, +6): 562, 762, 842, 848
243 + 671 = 914 (+600, +70, +1): 243, 843, 913, 914
456 + 169 = 625 (+100, +60, +9): 456, 556, 616, 625
754 + 167 = 921 (+100, +60, +7): 754, 854, 914, 921
186 + 665 = 851 (+600, +60, +5): 186, 786, 846, 851
637 + 284 = 921 (+200, +80, +4): 637, 837, 917, 921

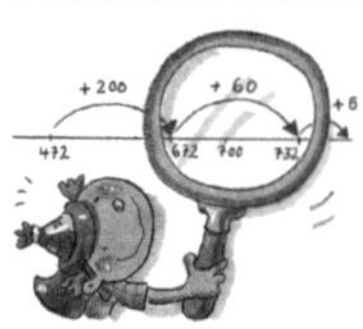

② **Richtig oder falsch? Kreuze an:**

418 + 358 = 876 (+300, +50, +8): 418, 718, 768, 776
☐ richtig ☒ falsch

532 + 279 = 801 (+200, +70, +9): 532, 732, 802, 811
☐ richtig ☒ falsch

③ 654 – 362 = 292 (–2, –60, –300): 292, 294, 354, 654
723 – 248 = 475 (–8, –40, –200): 475, 483, 523, 723
931 – 664 = 267 (–4, –60, –600): 267, 271, 331, 931
476 – 368 = 108 (–8, –60, –300): 108, 116, 176, 476
527 – 255 = 272 (–5, –50, –200): 272, 277, 327, 527
842 – 574 = 268 (–4, –70, –500): 268, 272, 342, 842
316 – 147 = 169 (–7, –40, –100): 169, 176, 216, 316

④ **Richtig oder falsch? Kreuze an:**

267 – 178 = 89 (–8, –70, –100): 89, 97, 167, 267
☒ richtig ☐ falsch

633 – 169 = 564 (–9, –60, –100): 464, 473, 533, 633
☐ richtig ☒ falsch

Rechnen mit dem Rechenstrich

① 5 4 4 + 3 9 7 = 9 4 1

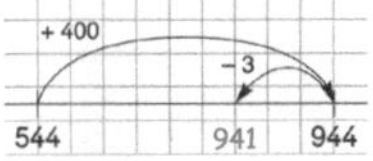

1 5 4 + 6 9 5 = 8 4 9

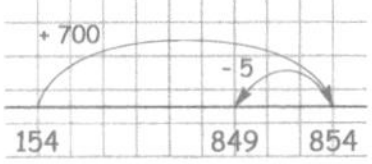

6 7 5 + 1 9 0 = 8 6 5

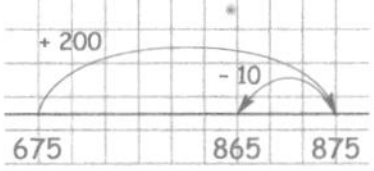

② 7 5 2 − 4 9 9 = 2 5 3

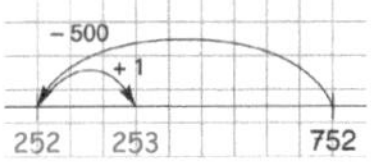

9 6 1 − 6 9 5 = 2 6 6

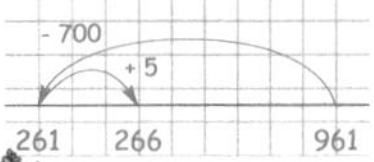

③ 4 7 6 + 3 9 5 = 8 7 1

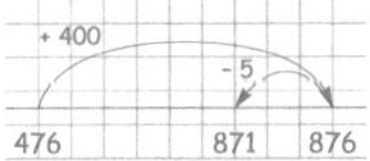

6 2 1 − 3 9 4 = 2 2 7

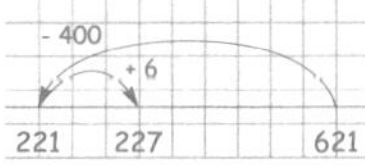

8 5 7 − 2 8 9 = 5 6 8

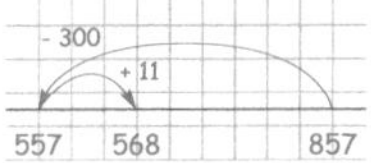

5 2 6 + 2 9 6 = 8 2 2

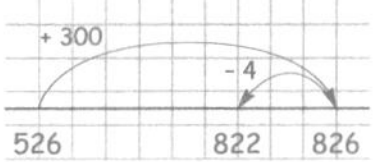

Karten lesen und Wege gehen

①

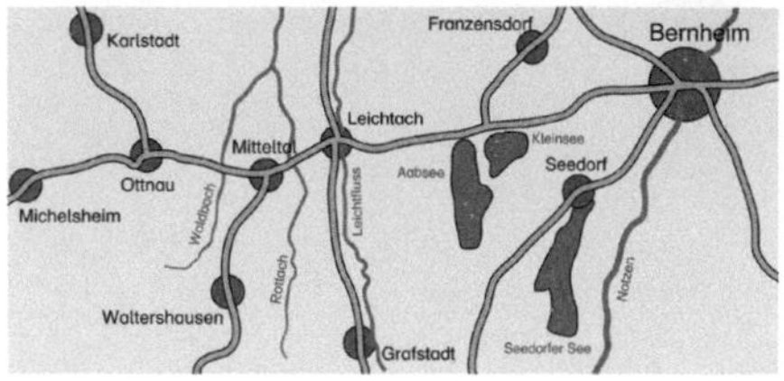

Richtig oder falsch? Kreuze an!

	richtig	falsch
a) Wenn man von Michelsheim nach Leichtach fährt, kommt man durch Ottnau und Mitteltal.	☒	☐
b) Wenn man von Waltershausen nach Karlstadt fährt, biegt man in Mitteltal links und in Ottnau rechts ab.	☒	☐
c) Bei der Fahrt von Leichtach nach Bernheim liegen auf der linken Seite zwei Seen.	☐	☒
d) Wenn man von Ottnau nach Mitteltal fährt, überquert man zwei Flüsse.	☐	☒
e) Der Waldbach fließt in die Rottach.	☒	☐
f) Wenn man von Bernheim kommend durch Seedorf fährt, liegt links von der Straße der Seedorfer See.	☒	☐
g) Franzensdorf liegt weiter vom Kleinsee entfernt als Michelsheim.	☐	☒
h) Die größte Ortschaft auf der Karte heißt Franzensdorf.	☐	☒

Körperformen

① **Welcher Körper ist gemeint?**
Ergänze und trage unten die Buchstaben ein.

a) ___Würfel___ : Der Körper hat Quadrate als Begrenzungsflächen. Er hat ___8___ Ecken und ___12___ Kanten.

b) ___Zylinder___ : Wenn der Körper liegt, sieht er aus wie eine Walze; wenn er steht, wie eine Säule. Auch Hüte können so heißen.

c) ___Quader___ : Eine Streichholzschachtel ist so ein Körper. Er besteht aus ___6___ Flächen, ___12___ Kanten und ___8___ Ecken.

d) ___Pyramide___ : Die alten Ägypter haben in so einem Körper (natürlich riesig groß) ihre Könige, die Pharaonen, bestattet. So ein Körper hat oben eine ___Spitze___ .

e) ___Kegel___ : Der Körper ist an einem Ende spitz, am anderen rund. Eine Sportart heißt so ähnlich.

f) ___Kugel___ : Der Körper hat keine Ecke, keine Kante und auch keine Spitze. Er ist einfach nur ___rund___ .

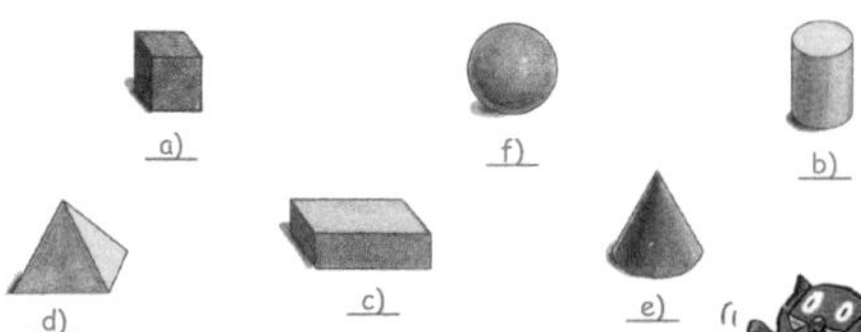

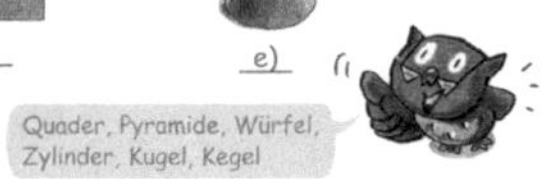

② **Schwebende Körper! Wer hat welchen Blick auf den Körper? Trage ein.**

a)

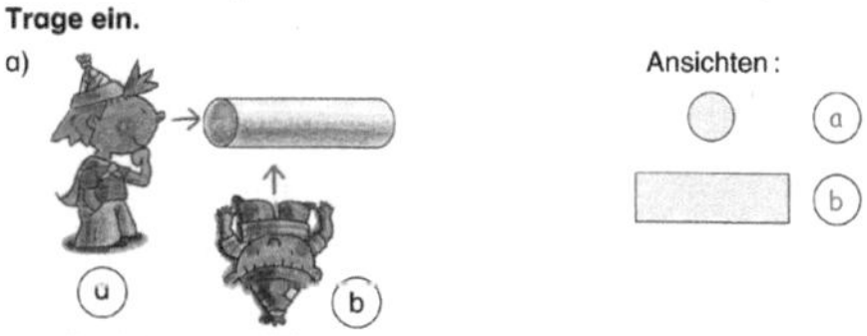

b)

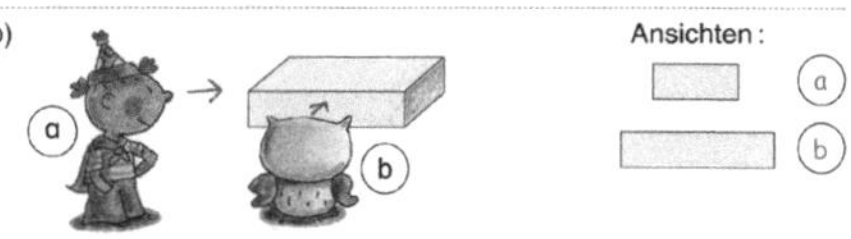

c)

d)

① **Alles Würfelnetze? Streiche falsche durch!**

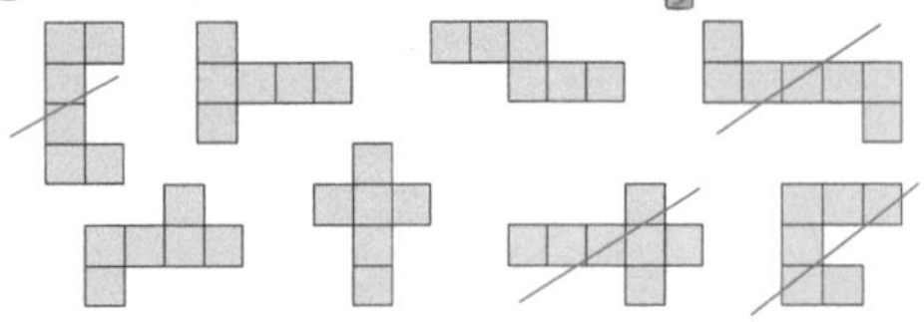

② **Färbe gegenüberliegende Flächen gleich!**

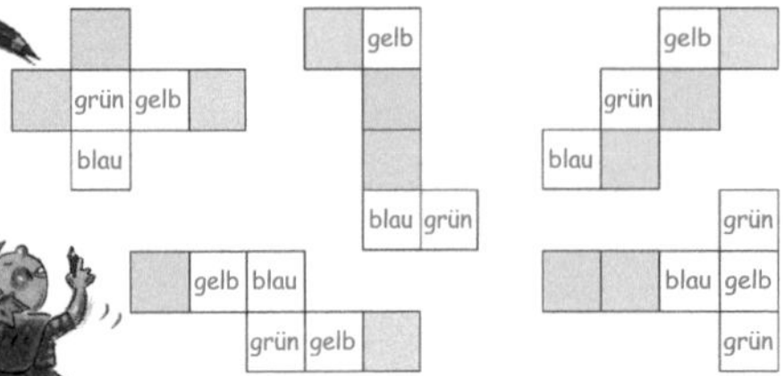

③ **In welche Richtung dreht sich das ganz linke Zahnrad?**

④ **Immer zwei Bauteile ergeben einen Würfel. Kreise sie in derselben Farbe ein.**

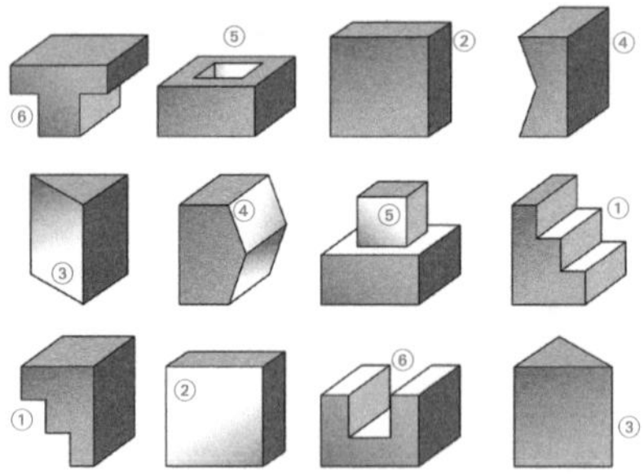

⑤ **Zum Kombinieren: Welcher Würfel hat welche Farbe? Male an.**

- Ein Würfel ist grün und der blaue Würfel steht am Rand.
- Zwischen dem gelben und dem schwarzen Würfel liegt ein Würfel.
- Zwischen dem orangefarbigen und dem roten Würfel liegen drei Würfel.
- Der zweite Würfel von rechts ist orange.
- Zwischen dem blauen und dem schwarzen Würfel liegt ein Würfel.

Mach dir ein Bild von der Aufgabe.

Lies die Aufgaben genau, ergänze die Skizzen und rechne.

① Miriam erhält jede Woche 1,50 € Taschengeld. Sie hat 6 Wochen lang ihr Taschengeld gespart. Wie viel Geld hat Miriam jetzt?

1 Wo 1,50 €
2 Wo 3,00 €
4 Wo 6,00 €
6 Wo 9,00 €

Antwort:
Miriam hat jetzt 9 €.

② Clara kauft 5 Briefmarken zu je 55 ct. Wie viel muss sie insgesamt bezahlen?

5 · 55 ct = 275 ct = 2,75 €

Antwort:
Sie muss 2,75 € bezahlen.

③ Von den 72 Kindern der 3. Klassen einer Grundschule fahren 24 mit dem Schulbus zum Unterricht. 15 Kinder werden mit dem Auto zur Schule gebracht. Wie viele Kinder laufen zur Schule?

Antwort:
33 Kinder laufen zur Schule.

④ Michael läuft täglich 25 min zur Schule. Der Unterricht beginnt um 8 Uhr. Michael möchte jedoch 10 min vor Unterrichtsbeginn in der Schule sein. Wann muss er spätestens aus dem Haus gehen?

Antwort:
Er muss spätestens um 7.25 Uhr aus dem Haus gehen.

⑤ Frau Heil bringt ihre Töchter Lisa und Maria zur Reitstunde, die um 14.45 Uhr beginnt und 45 min dauert. Nach dem Unterricht möchten die beiden Mädchen noch 30 min im Pferdestall helfen. Um wie viel Uhr kann Frau Heil die Mädchen wieder abholen?

14.45 Uhr
+ 45 min
15.30 Uhr
+ 30 min
16.00 Uhr

Antwort:
Sie kann sie um 16 Uhr abholen.

⑥ Thomas ist 1,54 m groß. Stefan ist 8 cm größer, Tobias ist 9 cm kleiner als Thomas. Wie groß ist Stefan, wie groß Tobias?

Antwort:
Stefan ist 1,62 m groß,
Tobias ist 1,45 m groß.

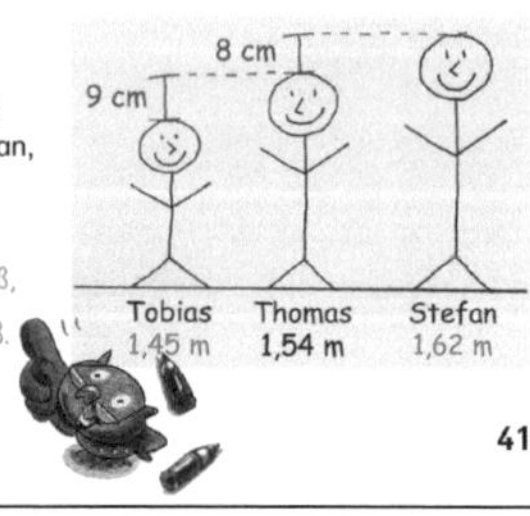

①

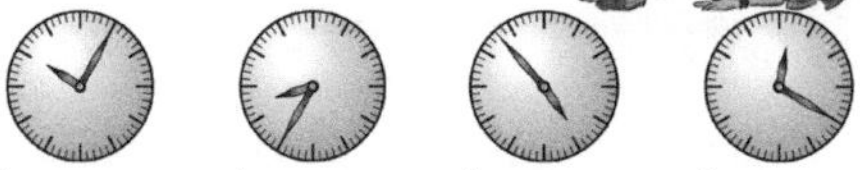

10.05 Uhr	8.35 Uhr	16.53 Uhr	12.20 Uhr
22.05 Uhr	20.35 Uhr	4.53 Uhr	0.20 Uhr

②

8.22 Uhr	16.46 Uhr	20.11 Uhr	13.35 Uhr
14.37 Uhr	22.56 Uhr	4.19 Uhr	0.03 Uhr

③

8.10 Uhr	+ 22 min →	8.32 Uhr
11.30 Uhr	+ 45 min →	12.15 Uhr
16.18 Uhr	+ 26 min →	16.44 Uhr
12.31 Uhr	+ 25 min →	12.56 Uhr
20.17 Uhr	+ 28 min →	20.45 Uhr
11.59 Uhr	+ 17 min →	12.16 Uhr

④ **Verbinde gleiche Zeitspannen.**

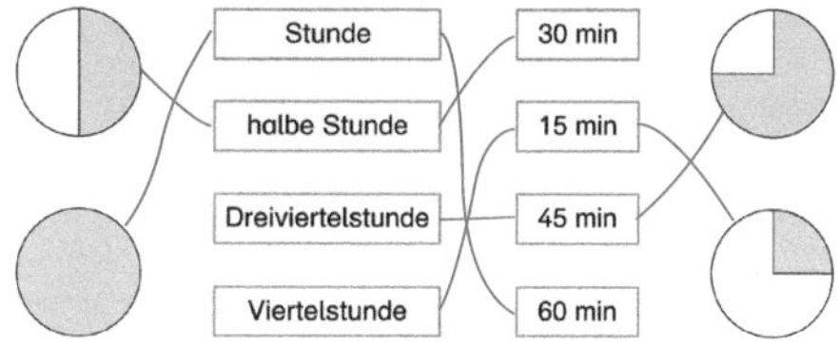

Stunde	30 min
halbe Stunde	15 min
Dreiviertelstunde	45 min
Viertelstunde	60 min

⑤

1 min	
30 s	30 s
45 s	15 s
35 s	25 s
12 s	48 s

1 h	
48 min	12 min
28 min	32 min
30 min	30 min
55 min	5 min

⑥

3 min = 180 s
2 min 30 s = 150 s
5 min = 300 s
1 min 30 s = 90 s

100 s = 1 min 40 s
150 s = 2 min 30 s
200 s = 3 min 20 s
300 s = 5 min 0 s

7

Für Mathe-Super-Stars!

1 h = 3600 s
1 Tag = 1440 min
1 Woche = 168 h

1 h = 60 min
1 min = 60 s — 60 · 60 = 3600
1 Tag = 24 h — 24 · 60 = 1440
7 Tage = 1 Woche — 24 · 7 = 168

① **Umfahre die Aufgaben mit Übertrag. Rechne alle Aufgaben.**

156 + 215 = 371 (umfahren)
538 + 241 = 779
263 + 184 = 447 (umfahren)
327 + 462 = 789
355 + 127 = 482 (umfahren)
352 + 439 = 791 (umfahren)
644 + 42 = 686
562 + 164 = 726 (umfahren)
456 + 327 = 783 (umfahren)
733 + 124 = 857

② **Rechne nur die Aufgaben mit Übertrag.**

625 + 228 = 853
473 + 54 = 527
356 + 487 = 843
563 + 315
634 + 226 = 860

483 + 464 = 947
567 + 378 = 945
642 + 253
358 + 469 = 827
255 + 482 = 737

136 + 252
237 + 482 = 719
496 + 475 = 971
234 + 581 = 815
439 + 144 = 583

133 + 627 + 145 = 905
32 + 354 + 627 = 1013
221 + 133 + 612
143 + 525 + 255 = 923
167 + 823 + 68 = 1058

③ **Schreibe untereinander und rechne.**

a) 178 + 545 b) 647 + 69 c) 86 + 377
d) 245 + 87 e) 94 + 646

a) 178 + 545 = 723
b) 647 + 69 = 716
c) 86 + 377 = 463
d) 245 + 87 = 332
e) 94 + 646 = 740

④ **Suche in jeder Aufgabe den Fehler. Verbinde mit der passenden Lupe. Rechne richtig.**

Platz für die richtige Rechnung.

517 + 326 = 833 → richtig: 843
69 + 138 = 828 → richtig: 207
434 + 269 = 704 → richtig: 703

477 + 46 = 522 → richtig: 523
464 + 239 = 693 → richtig: 703
156 + 75 = 906 → richtig: 231
238 + 425 = 653 → richtig: 663
538 + 125 = 664 → richtig: 663
52 + 476 = 996 → richtig: 528

① **Umfahre die Aufgaben, bei denen du wechseln musst. Rechne alle Aufgaben.**

(umfahren) 736 − 319 = 417	(umfahren) 614 − 151 = 463	875 − 523 = 352	482 − 151 = 331	(umfahren) 928 − 663 = 265
(umfahren) 452 − 126 = 326	(umfahren) 973 − 568 = 405	749 − 217 = 532	(umfahren) 685 − 346 = 339	399 − 154 = 245

② **Rechne nur die Aufgaben, bei denen du wechseln musst.**

627 − 483 = 144	864 − 283 = 581	576 − 114	553 − 228 = 325	913 − 381 = 532
852 − 375 = 477	465 − 122	971 − 854 = 117	338 − 277 = 61	663 − 187 = 476
749 − 591 = 158	454 − 129 = 325	625 − 262 = 363	876 − 344	337 − 85 = 252
956 − 718 = 238	592 − 236 = 356	778 − 126	431 − 215 = 216	686 − 537 = 149

③ **Schreibe untereinander und rechne.**

a) 794 – 87 b) 513 – 164 c) 352 – 36

d) 946 – 287 e) 418 – 57

a) 794 − 87 = 707 b) 513 − 164 = 349 c) 352 − 36 = 316 d) 946 − 287 = 659 e) 418 − 57 = 361

④ **Suche in jeder Aufgabe den Fehler. Verbinde mit der passenden Lupe. Rechne richtig.**

Aufgabe	richtig
623 − 281 = 442	623 − 281 = 342
465 = 318 = 783	465 − 318 = 147
947 − 163 = 774	947 − 163 = 784
213 − 167 = 166	213 − 167 = 46
857 − 465 = 492	857 − 465 = 392
586 − 317 = 289	586 − 317 = 269

⑤ **Rechne zur Kontrolle auch die Probe.**

Aufgabe	Probe
546 − 284 = 262	262 + 284 = 546
714 − 176 = 538	538 + 176 = 714
908 − 563 = 345	345 + 563 = 908

① **Wie gelangt das Wasser zum Krokodil?**

② **Gleiches Zeichen – gleiche Ziffer**

2 · 2 = 4

2 + 2 = 4

2 · 3 = 6

4 + 6 = 10

10 : 5 = 2

6 – 4 = 2

12 : 6 = 2

3 **Für Mathe-Super-Stars!**

4 + 7 = 11

11 + 11 = 22

22 + 1 = 23

17 – 14 = 3

3 · 11 = 33

17 + 17 = 34

④ **Jede Obstsorte steht für eine Ziffer.**

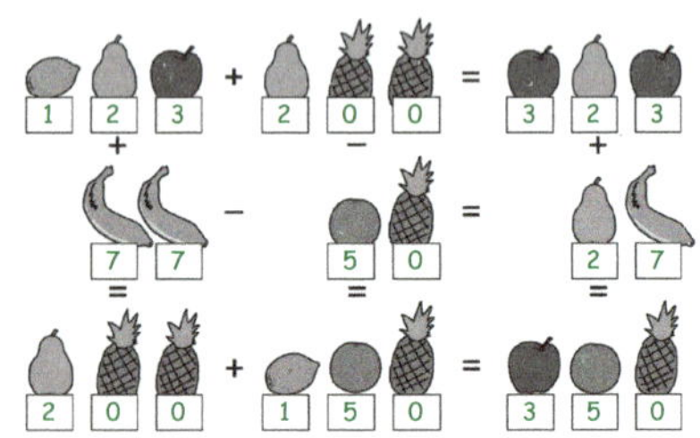

123 + 200 = 323

77 – 50 = 27

200 + 150 = 350

⑤ **Simsala soll die Blume mit der Gießkanne gießen. An welcher Schnur muss sie ziehen?**

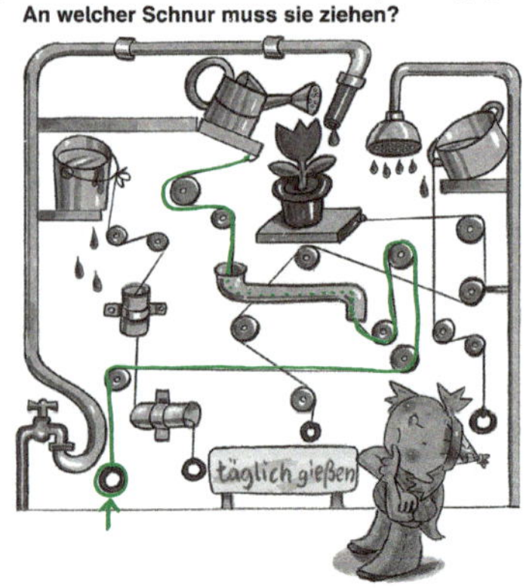

①

307	806	480	634	904
− 135	− 513	− 293	− 509	− 283
172	293	187	125	621

②

503	805	302	900	600
− 287	− 436	− 117	− 769	− 256
216	369	185	131	344

702	907	601	205	706
− 166	− 538	− 458	− 176	− 429
536	369	143	29	277

③ **Schriftlich oder im Kopf?**

630 − 217 = 413 | 900 − 725 = 175
406 − 198 = 208 | 1000 − 480 = 520
800 − 360 = 440 | 830 − 630 = 200
1000 − 152 = 848 | 501 − 250 = 251
703 − 404 = 299 | 600 − 241 = 359

④

8,67 €	5,82 €	9,85 €	6,00 €
+ 4,23 €	+ 4,37 €	+ 17,23 €	1,46 €
			+ 2,85 €
12,90 €	10,19 €	27,08 €	10,31 €

⑤ **Schreibe untereinander und rechne.**

a) 3,47 € + 2 € + 4,65 €
b) 0,54 € + 5,30 € + 8 €
c) 4,58 € + 6,94 € + 0,63 €
d) 6 € + 0,73 € + 5,30 €

a)	b)	c)	d)
3,47 €	0,54 €	4,58 €	6,00 €
2,00 €	5,30 €	6,94 €	0,73 €
+ 4,65 €	+ 8,00 €	+ 0,63 €	+ 5,30 €
10,12 €	13,84 €	12,15 €	12,03 €

⑥ **Welche Rechnungen stimmen?**

Goldene Gans	Alter Wirt	Grüner Baum
14,90	4,90	8,40
2,80	5,60	11,30
3,50	1,70	2,90
39,20	10,30	22,60
☐ richtig ☒ falsch	☐ richtig ☒ falsch	☒ richtig ☐ falsch

① **Hüpf im Päckchen:**

Rechne mit dem Ergebnis weiter!

a)	b)	c)	d)
643 − 255 = 388	179 + 543 = 722	235 + 677 = 912	576 − 388 = 188
864 − 187 = 677	602 − 423 = 179	476 + 368 = 844	47 + 529 = 576
677 − 34 = 643	722 − 484 = 238	912 − 436 = 476	803 − 756 = 47
388 + 476 = 864	238 + 364 = 602	844 − 609 = 235	188 + 615 = 803

② **Für Mathe-Super-Stars:**

231 + 476 = 707	544 + 387 = 931	345 + 266 = 611	171 + 542 = 713
694 − 373 = 321	853 − 335 = 518	727 − 365 = 362	594 − 348 = 246

①

6, 24, 4	9, 36, 4	24, 3, 8
4 · 6 = 24	9 · 4 = 36	3 · 8 = 24
6 · 4 = 24	4 · 9 = 36	8 · 3 = 24
24 : 6 = 4	36 : 4 = 9	24 : 3 = 8
24 : 4 = 6	36 : 9 = 4	24 : 8 = 3

②

3, 21, 7	2, 18, 9	7, 56, 8
3 · 7 = 21	9 · 2 = 18	8 · 7 = 56
7 · 3 = 21	2 · 9 = 18	7 · 8 = 56
21 : 7 = 3	18 : 9 = 2	56 : 8 = 7
21 : 3 = 7	18 : 2 = 9	56 : 7 = 8

③

4, 32, 8	4, 2, 8
4 · 8 = 32	4 · 2 = 8
8 · 4 = 32	2 · 4 = 8
32 : 4 = 8	8 : 4 = 2
32 : 8 = 4	8 : 2 = 4

① 8 · 2 = 16 | 6 · 4 = 24 | 4 · 8 = 32
8 · 20 = 160 | 6 · 40 = 240 | 4 · 80 = 320

14 : 2 = 7 | 32 : 4 = 8 | 56 : 8 = 7
140 : 20 = 7 | 320 : 40 = 8 | 560 : 80 = 7

8 = 4 · 2 | 28 = 7 · 4 | 72 = 9 · 8
80 = 4 · 20 | 280 = 70 · 4 | 720 = 9 · 80

② 4 · 3 = 12 | 7 · 6 = 42 | 3 · 9 = 27
40 · 3 = 120 | 7 · 60 = 420 | 30 · 9 = 270

27 : 3 = 9 | 42 : 6 = 7 | 54 : 9 = 6
270 : 3 = 90 | 420 : 60 = 7 | 540 : 9 = 60

180 = 6 · 30 | 540 = 9 · 60 | 360 = 4 · 90
180 = 60 · 3 | 540 = 90 · 6 | 360 = 40 · 9

③

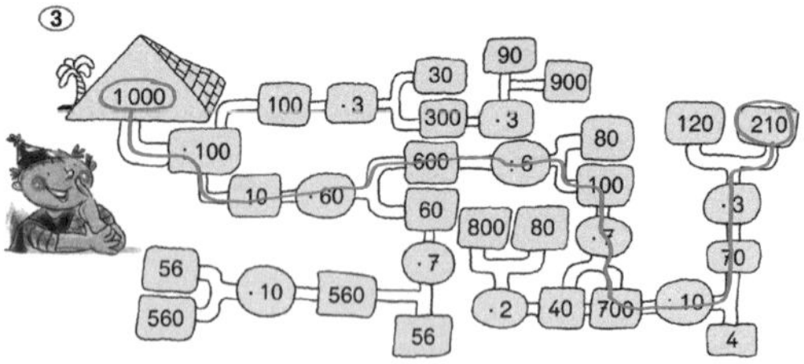

④ 6 · 4 = 24 | 8 · 7 = 56 | 7 · 6 = 42
24 : 8 = 3 | 72 : 9 = 8 | 49 : 7 = 7
7 · 9 = 63 | 9 · 4 = 36 | 9 · 9 = 81
54 : 6 = 9 | 36 : 6 = 6 | 48 : 6 = 8

⑤
240: 60 · 4 | 40 · 6 | 8 · 30 | 12 · 20 | 10 · 24
180: 90 · 2 | 3 · 60 | 6 · 30 | 20 · 9 | 18 · 10
360: 3 · 120 | 6 · 60 | 40 · 9 | 20 · 18 | 36 · 10
480: 120 · 4 | 8 · 60 | 16 · 30 | 20 · 24 | 10 · 48

⑥ 8 : 4 = 2 | 6 : 3 = 2 | 9 : 3 = 3
80 : 4 = 20 | 60 : 3 = 20 | 90 : 3 = 30
800 : 4 = 200 | 600 : 30 = 20 | 90 : 30 = 3
800 : 40 = 20 | 600 : 3 = 200 | 900 : 30 = 30
800 : 400 = 2 | 600 : 300 = 2 | 900 : 300 = 3

⑦
4: 80 : 20 | 120 : 30 | 320 : 80 | 160 : 40 | 240 : 60
8: 160 : 20 | 240 : 30 | 480 : 60 | 320 : 40 | 720 : 90

① a) 3 · 10 = 30
3 · 8 = 24
3 · 18 = 54

b) 7 · 10 = 70
7 · 5 = 35
7 · 15 = 105

c) 7 · 10 = 70
7 · 2 = 14
7 · 12 = 84

d) 3 · 10 = 30
3 · 9 = 27
3 · 19 = 57

e) 9 · 10 = 90
9 · 7 = 63
9 · 17 = 153

②
7 · 13 = 91: 7 · 10 = 70 | 7 · 3 = 21
6 · 15 = 90: 6 · 10 = 60 | 6 · 5 = 30
8 · 12 = 96: 8 · 10 = 80 | 8 · 2 = 16
7 · 16 = 112: 7 · 10 = 70 | 7 · 6 = 42
8 · 18 = 144: 8 · 10 = 80 | 8 · 8 = 64
9 · 19 = 171: 9 · 10 = 90 | 9 · 9 = 81

③

·	5	7	8
10	50	70	80
3	15	21	24
13	65	91	104

·	3	7	5
10	30	70	50
6	18	42	30
16	48	112	80

·	6	5	7
10	60	50	70
4	24	20	28
14	84	70	98

①

·	3	5	8	7	6	9
4	12	20	32	28	24	36
8	24	40	64	56	48	72
6	18	30	48	42	36	54

·	5	4	8	6	9	7
3	15	12	24	18	27	21
7	35	28	56	42	63	49
9	45	36	72	54	81	63

② 18 ist teilbar durch (2) (3) 4 5 (6) 7 8 (9)
24 ist teilbar durch (2) (3) (4) 5 (6) 7 (8) 9
36 ist teilbar durch (2) (3) (4) 5 (6) 7 8 (9)
42 ist teilbar durch (2) (3) 4 5 (6) (7) 8 9
54 ist teilbar durch (2) (3) 4 5 (6) 7 8 (9)

③ 17 : 3 = 5 R 2 | 47 : 6 = 7 R 5
29 : 4 = 7 R 1 | 55 : 7 = 7 R 6
37 : 5 = 7 R 2 | 70 : 8 = 8 R 6
25 : 6 = 4 R 1 | 52 : 9 = 5 R 7

④

·	2	4	5
10	20	40	50
3	6	12	15
13	26	52	65

·	3	6	9
10	30	60	90
7	21	42	63
17	51	102	153

·	9	7	8
10	90	70	80
9	81	63	72
19	171	133	152

⑤ a) 35 : 7 = 5
350 : 7 = 50
350 : 70 = 5

b) 72 : 8 = 9
720 : 80 = 9
720 : 8 = 90

c) 54 : 9 = 6
540 : 90 = 6
540 : 9 = 60

① **Zahlen multiplizieren**

·	20	2	22
7	140	14	154

·	30	5	35
6	180	30	210

·	40	8	48
5	200	40	240

·	200	30	6	236
2	400	60	12	472

② **Welche Blätter passen in welchen Korb? Rechne und verbinde.**

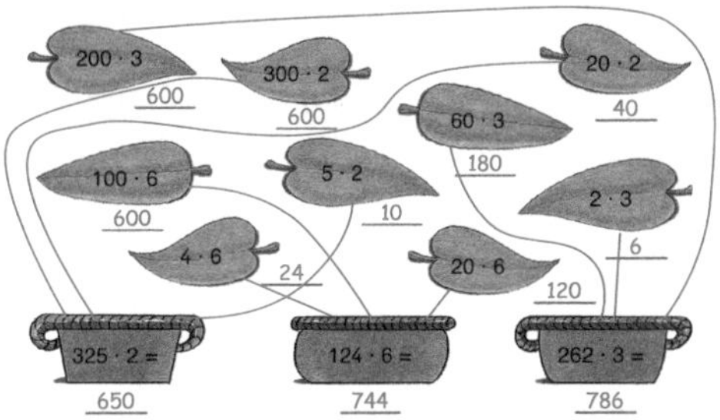

Für Mathe-Super-Stars!

3 **Welche Aufgaben gehören zusammen? Verbinde.**

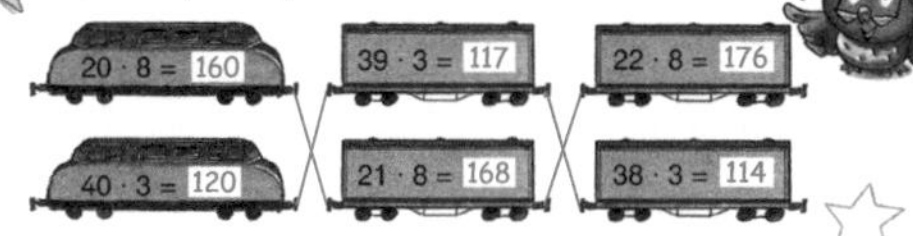

④

624 : 8 = 78
560 : 8 = 70 | 64 : 8 = 8

396 : 6 = 66
360 : 6 = 60 | 36 : 6 = 6

824 : 4 = 206
800 : 4 = 200 | 24 : 4 = 6

720 : 3 = 240
600 : 3 = 200 | 120 : 3 = 40

545 : 5 = 109
500 : 5 = 100 | 45 : 5 = 9

⑤

427 : 7 = 61	434 : 7 = 62	568 : 8 = 71	552 : 8 = 69
420 : 7 = 60		560 : 8 = 70	
441 : 7 = 63	413 : 7 = 59	584 : 8 = 73	576 : 8 = 72

366 : 6 = 61	354 : 6 = 59
360 : 6 = 60	
372 : 6 = 62	348 : 6 = 58

Von leichten zu schwierigen Aufgaben.

⑥

480 → : 6 → 80 → : 10 → 8 → · 70 → 560 → − 60 → 500 → · 2 → 1000

20 → · 6 → 120 → : 4 → 30 → · 5 → 150 → + 50 → 200 → · 5 → 1000

250 → − 40 → 210 → : 3 → 70 → · 6 → 420 → − 20 → 400 → : 4 → 100

①

	Länge in cm und mm	Länge in mm
a	3 cm 6 mm	36 mm
b	1 cm 4 mm	14 mm
c	3 cm 5 mm	35 mm
d	0 cm 8 mm	8 mm
e	0 cm 5 mm	5 mm
f	2 cm 7 mm	27 mm
g	3 cm 1 mm	31 mm

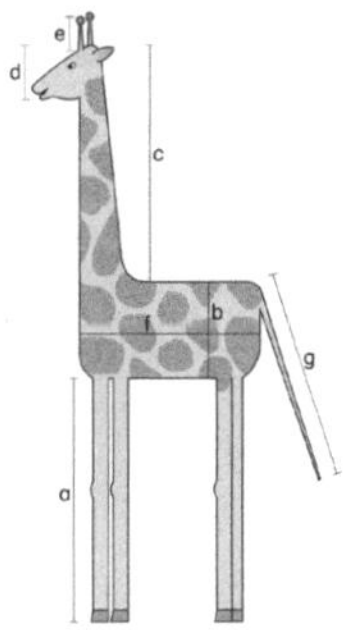

Rechne.

a + b = 50 mm = 5 cm

b + c = 49 mm = 4 cm 9 mm

d + e = 13 mm = 1 cm 3 mm

f + g = 58 mm = 5 cm 8 mm

② 2,14 m = 214 cm = 2 m 14 cm

5,29 m = 529 cm = 5 m 29 cm

4,31 m = 431 cm = 4 m 31 cm

7,56 m = 756 cm = 7 m 56 cm

11,80 m = 1180 cm = 11 m 80 cm

8,23 m = 823 cm = 8 m 23 cm

3,09 m = 309 cm = 3 m 9 cm

③ **Gleiche Farbe für gleiche Länge**

① 218 cm	100 cm	② 73 cm	③ 7,30 m	1 m
④ 3,40 m	② 730 mm	④ 340 cm	③ 730 cm	① 2,18 m

④

km	m	
5	600	= 5600 m
7	300	= 7300 m
0	250	= 250 m
4	615	= 4615 m
2	300	= 2300 m
9	875	= 9875 m
1	50	= 1050 m

⑤

1 km	
400 m	600m
800 m	200 m
150 m	850 m
450 m	550 m
370 m	630 m

10 km	
5500 m	4500 m
7100 m	2900 m
8250 m	1750 m
9880 m	120 m
6505 m	3495 m

⑥ **Schätze und verbinde.**

550 km | 33 m | 30 cm | 2 mm | 1,86 m

①

kg	g	
6	500	= 6 500 g
2	800	= 2 800 g
0	750	= 750 g
5	950	= 5 950 g
3	200	= 3 200 g
7	250	= 7 250 g
4	500	= 4 500 g
1	380	= 1 380 g

② **Wie viel wiegt der Einkauf?**

1 kg = 1 000 g | 500 g | 250 g | 100 g | 50 g | 10 g | 2 g

③ **Gleiche Farbe für gleiches Gewicht. Färbe ein.**

$\frac{1}{2}$ kg	① 2 500 g	② 5 000 g	③ $\frac{1}{4}$ kg	④ 1 000 g
④ 1 kg	③ 250 g	500 g	① 2 kg 500 g	② 5 kg

④

1 t	
600 kg	400 kg
200 kg	800 kg
850 kg	150 kg
550 kg	450 kg
630 kg	370 kg

10 t	
4 500 kg	5 500 kg
2 900 kg	7 100 kg
1 750 kg	8 250 kg
9 450 kg	550 kg
2 205 kg	7 795 kg

Wiegt deine Klasse mehr oder weniger als 1 t?

⑤ **Verbinde.**

500 g	5 kg	250 kg	50 kg	5 t	150 t
①	②	③	④	⑤	⑥

⑥ 1 Katze ist so schwer wie 10 Meerschweinchen.

1 Esel ist so schwer wie 5 Schafe.

1 Blauwal ist so schwer wie 30 Elefanten.

1 Elefant ist so schwer wie 20 Esel.

1 Schaf ist so schwer wie 10 Katzen.

1 Elefant ist so schwer wie 100 Schafe.

Du bist so schwer wie ___ Katzen.

Du bist so schwer wie ___ Meerschweinchen.

Wir sind zusammen so schwer wie 14 Katzen!

An einer Schule wurden Schüler 3. und 4. Klassen gefragt, wofür sie den größten Teil ihres Taschengeldes verwenden. Hier ist das Ergebnis der Umfrage:

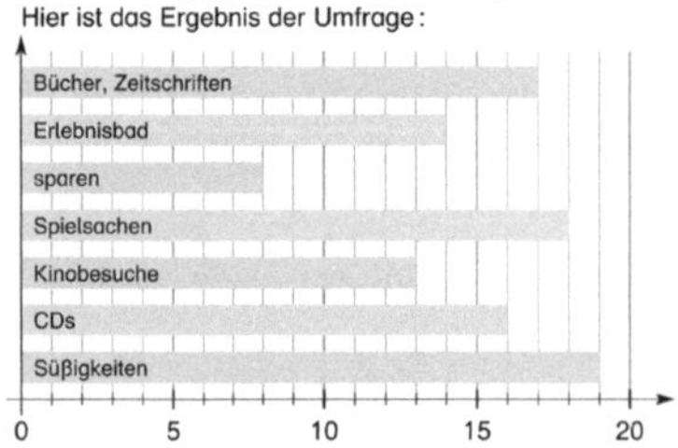

17
14
8
18
13
16
19

① **Lies das Schaubild genau, rechne und ergänze.**

a) Wie viele Kinder nahmen an der Umfrage teil?

Antwort: 105 Kinder nahmen an der Umfrage teil.

b) Die meisten Schüler geben ihr Taschengeld für Süßigkeiten aus.

c) Das machen die wenigsten Kinder mit ihrem Taschengeld: sparen.

② **Welche Aussagen stimmen? Kreuze an ☒.**

- ☐ Für Kinobesuche geben mehr Schüler ihr Taschengeld aus als für Süßigkeiten.
- ☒ Die wenigsten Kinder sparen ihr Taschengeld, doppelt so viele geben das Taschengeld am liebsten für CDs aus.
- ☐ Der Besuch im Erlebnisbad steht an dritter Stelle bei der Umfrage.
- ☒ Mehr Kinder geben ihr Taschengeld für Spielsachen aus als für Bücher.

Das Geheimnis des Sternenhimmels

Auflösung Sternbild: Löwe

3

654 − 362 =

− 60   − 300

294   354   654

723 − 248 =

723

931 − 664 =

931

476 − 368 =

476

527 − 255 =

842 − 574 =

316 − 147 =

4 **Richtig oder falsch?**
Kreuze an:

267 − 178 = 89

267

☐ richtig ☐ falsch

633 − 169 = 564

633

☐ richtig ☐ falsch

1 5 4 4 + 3 9 7 =

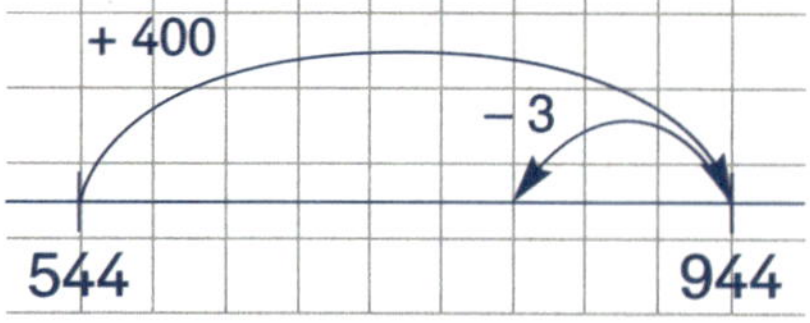

1 5 4 + 6 9 5 =

6 7 5 + 1 9 0 =

2 7 5 2 – 4 9 9 =

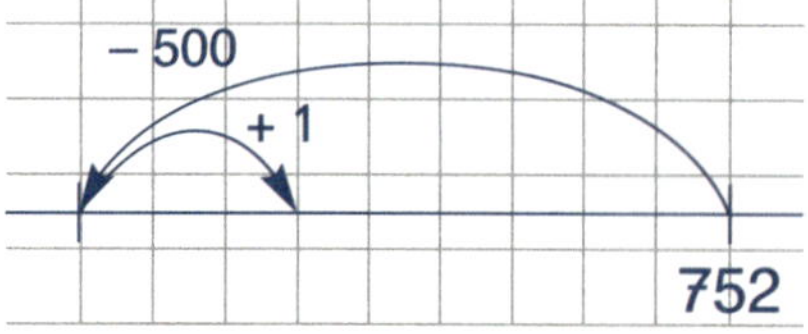

9 6 1 – 6 9 5 =

3 4 7 6 + 3 9 5 =

6 2 1 – 3 9 4 =

8 5 7 – 2 8 9 =

5 2 6 + 2 9 6 =

1

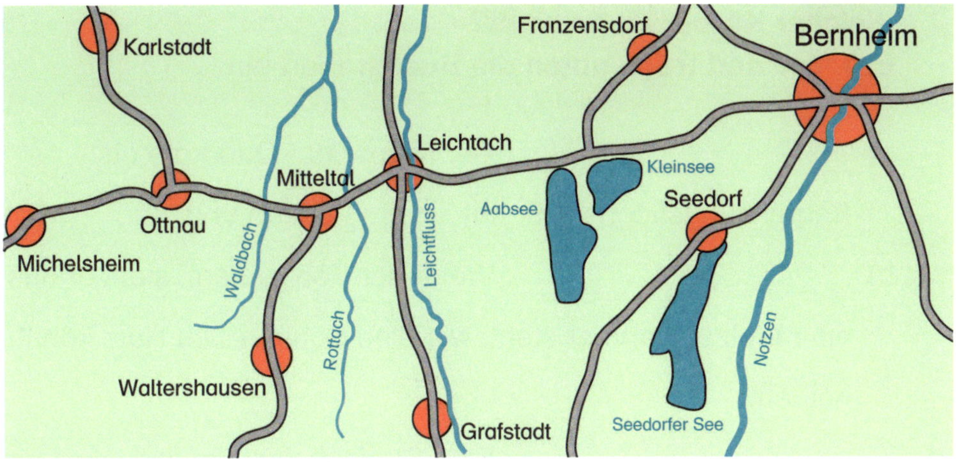

Richtig oder falsch? Kreuze an!	richtig	falsch
a) Wenn man von Michelsheim nach Leichtach fährt, kommt man durch Ottnau und Mitteltal.	☐	☐
b) Wenn man von Waltershausen nach Karlstadt fährt, biegt man in Mitteltal links und in Ottnau rechts ab.	☐	☐
c) Bei der Fahrt von Leichtach nach Bernheim liegen auf der linken Seite zwei Seen.	☐	☐
d) Wenn man von Ottnau nach Mitteltal fährt, überquert man zwei Flüsse.	☐	☐
e) Der Waldbach fließt in die Rottach.	☐	☐
f) Wenn man von Bernheim kommend durch Seedorf fährt, liegt links von der Straße der Seedorfer See.	☐	☐
g) Franzensdorf liegt weiter vom Kleinsee entfernt als Michelsheim.	☐	☐
h) Die größte Ortschaft auf der Karte heißt Franzensdorf.	☐	☐

① Welcher Körper ist gemeint?
Ergänze und trage unten die Buchstaben ein.

a) ______________________ : Der Körper hat Quadrate als Begrenzungsflächen. Er hat _______ Ecken und _______ Kanten.

b) ______________________ : Wenn der Körper liegt, sieht er aus wie eine Walze; wenn er steht, wie eine Säule. Auch Hüte können so heißen.

c) ______________________ : Eine Streichholzschachtel ist so ein Körper. Er besteht aus _______ Flächen, _______ Kanten und _______ Ecken.

d) ______________________ : Die alten Ägypter haben in so einem Körper (natürlich riesig groß) ihre Könige, die Pharaonen, bestattet. So ein Körper hat oben eine ______________________ .

e) ______________________ : Der Körper ist an einem Ende spitz, am anderen rund. Eine Sportart heißt so ähnlich.

f) ______________________ : Der Körper hat keine Ecke, keine Kante und auch keine Spitze. Er ist einfach nur ______________________ .

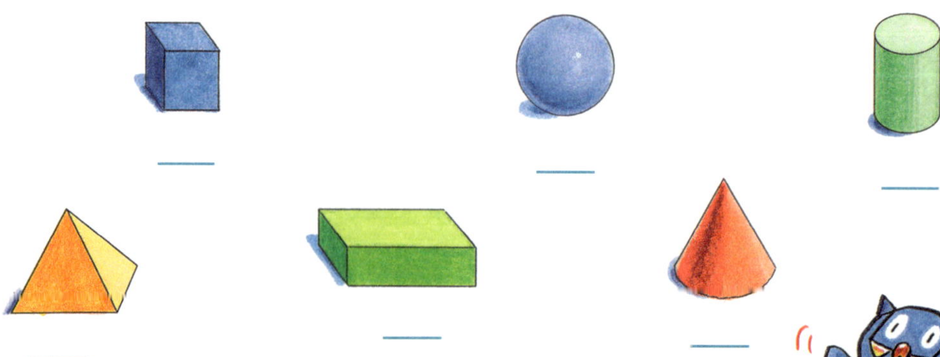

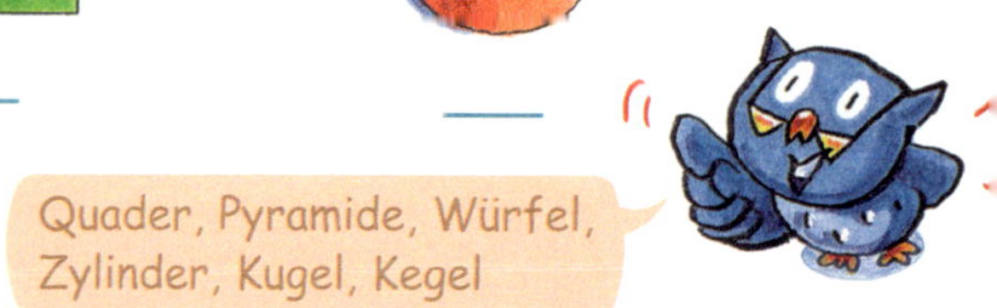

② Schwebende Körper! Wer hat welchen Blick auf den Körper? Trage ein.

a)

Ansichten:

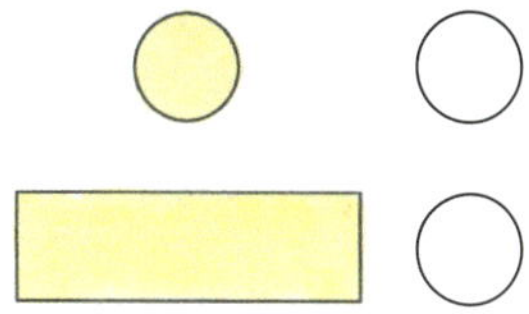

b)

Ansichten:

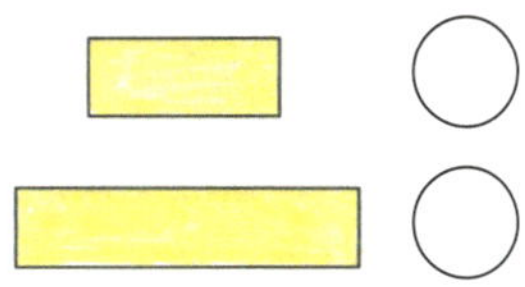

c)

Ansichten:

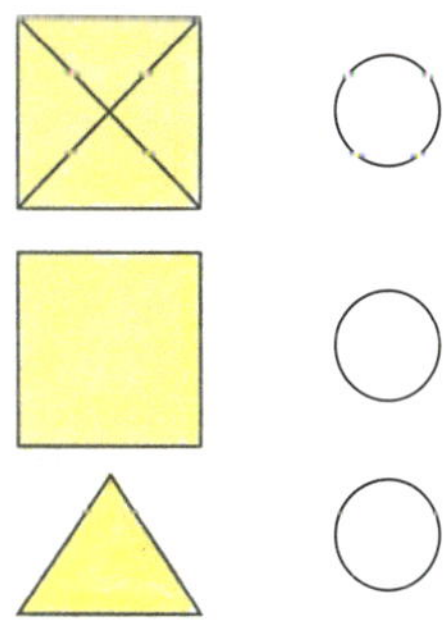

d)

Ansichten:

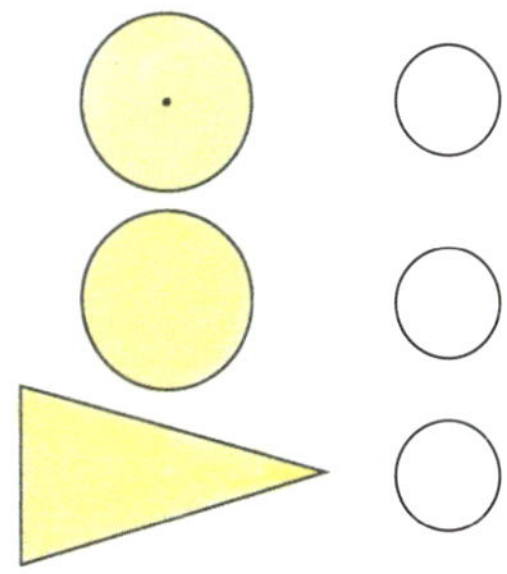

① **Alles Würfelnetze? Streiche falsche durch!**

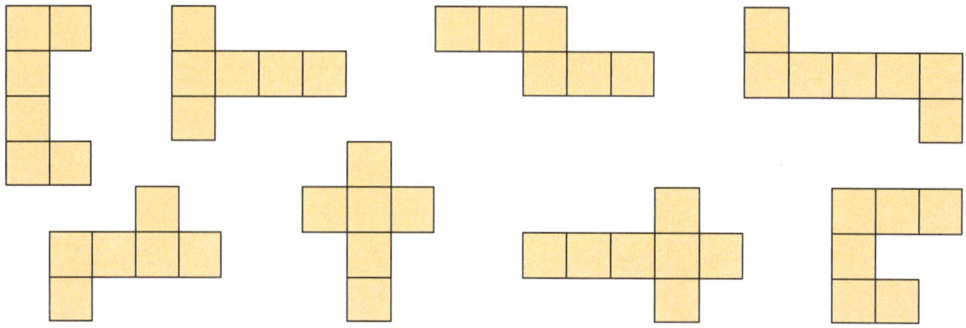

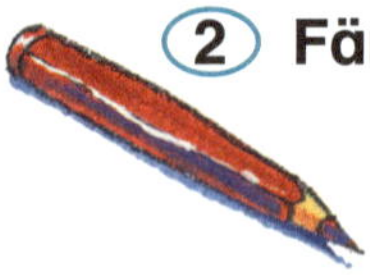

② **Färbe gegenüberliegende Flächen gleich!**

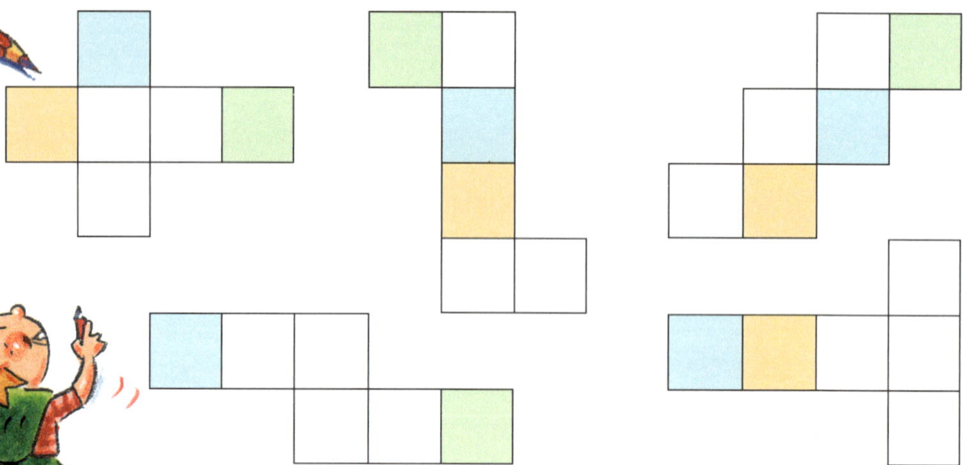

③ **In welche Richtung dreht sich das ganz linke Zahnrad?**

④ **Immer zwei Bauteile ergeben einen Würfel.**
Kreise sie in derselben Farbe ein.

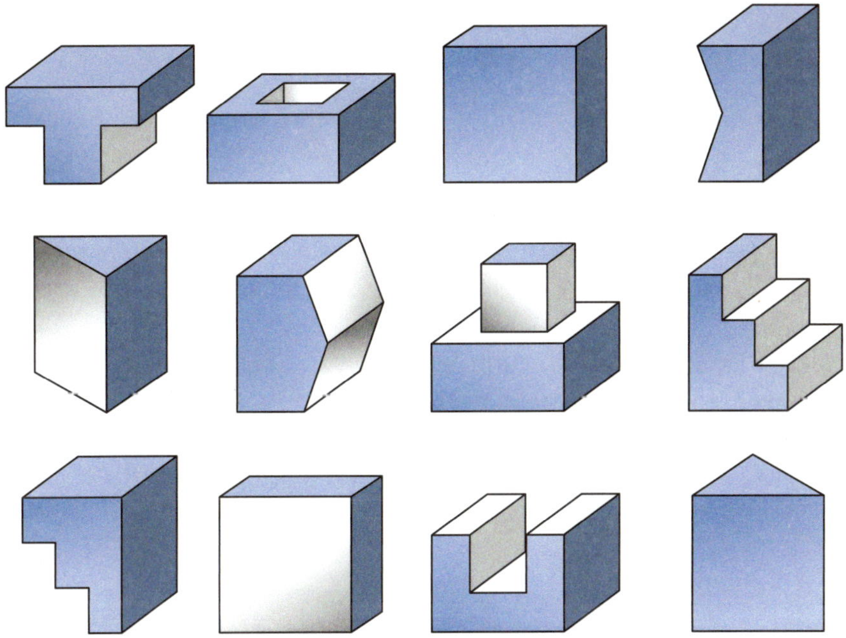

⑤ **Zum Kombinieren: Welcher Würfel hat welche Farbe? Male an.**

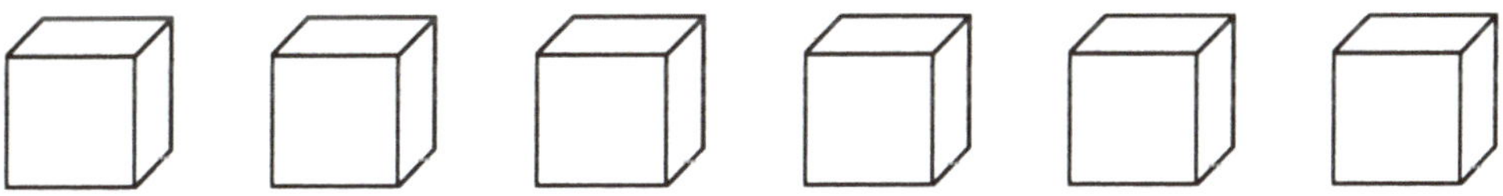

- Ein Würfel ist grün und der blaue Würfel steht am Rand.
- Zwischen dem gelben und dem schwarzen Würfel liegt ein Würfel.
- Zwischen dem orangefarbigen und dem roten Würfel liegen drei Würfel.
- Der zweite Würfel von rechts ist orange.
- Zwischen dem blauen und dem schwarzen Würfel liegt ein Würfel.

Mach dir ein Bild von der Aufgabe.

Lies die Aufgaben genau, ergänze die Skizzen und rechne.

(1) Miriam erhält jede Woche 1,50 € Taschengeld. Sie hat 6 Wochen lang ihr Taschengeld gespart. Wie viel Geld hat Miriam jetzt?

1 Wo	1,50	€
2 Wo	____	€
4 Wo	____	€
6 Wo	____	€

Antwort:
Miriam hat jetzt ________ .

(2) Clara kauft 5 Briefmarken zu je 55 ct. Wie viel muss sie insgesamt bezahlen?

Antwort:
Sie muss ________ bezahlen.

(3) Von den 72 Kindern der 3. Klassen einer Grundschule fahren 24 mit dem Schulbus zum Unterricht. 15 Kinder werden mit dem Auto zur Schule gebracht. Wie viele Kinder laufen zur Schule?

Antwort:
________ Kinder laufen zur Schule.

(4) Michael läuft täglich 25 min zur Schule.
Der Unterricht beginnt um 8 Uhr.
Michael möchte jedoch 10 min vor Unterrichtsbeginn in der Schule sein.
Wann muss er spätestens aus dem Haus gehen?

Uhr

+ 25 min

Uhr

Antwort:
Er muss spätestens um ________ Uhr aus dem Haus gehen.

(5) Frau Heil bringt ihre Töchter Lisa und Maria zur Reitstunde, die um 14.45 Uhr beginnt und 45 min dauert. Nach dem Unterricht möchten die beiden Mädchen noch 30 min im Pferdestall helfen.
Um wie viel Uhr kann Frau Heil die Mädchen wieder abholen?

14.45 Uhr

+ 45 min

Uhr

+ min

Uhr

Antwort:
Sie kann sie um ________ Uhr abholen.

(6) Thomas ist 1,54 m groß.
Stefan ist 8 cm größer,
Tobias ist 9 cm kleiner als Thomas. Wie groß ist Stefan, wie groß Tobias?

Antwort:
Stefan ist ________ groß,
Tobias ist ________ groß.

①

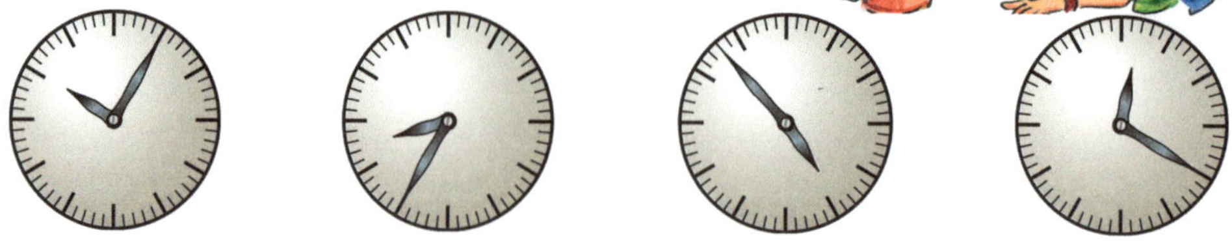

☀ ______ ☀ ______ ☀ ______ ☀ ______

☾ ______ ☾ ______ ☾ ______ ☾ ______

②

8.22 Uhr | 16.46 Uhr | 20.11 Uhr | 13.35 Uhr

14.37 Uhr | 22.56 Uhr | 4.19 Uhr | 0.03 Uhr

③

8.10 Uhr	+ 22 min	
11.30 Uhr	+ 45 min	
16.18 Uhr		16.44 Uhr
12.31 Uhr		12.56 Uhr
	+ 28 min	20.45 Uhr
	+ 17 min	12.16 Uhr

4 **Verbinde gleiche Zeitspannen.**

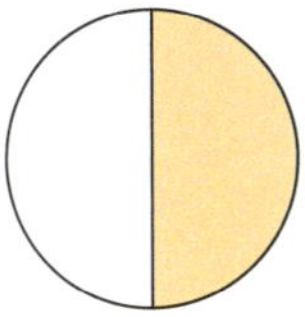

Stunde	30 min
halbe Stunde	15 min
Dreiviertelstunde	45 min
Viertelstunde	60 min

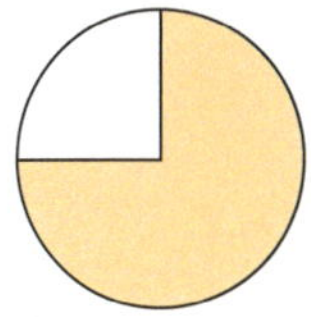

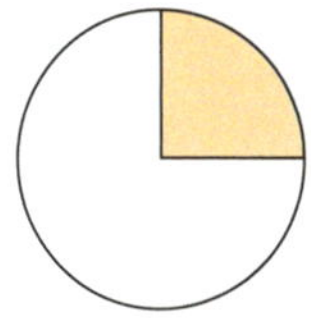

5

1 min	
30 s	
	15 s
35 s	
	48 s

1 h	
	12 min
28 min	
	30 min
55 min	

6

3 min = ______ s

2 min 30 s = ______ s

5 min = ______ s

1 min 30 s = ______ s

100 s = ______ min ______ s

150 s = ______ min ______ s

200 s = ______ min ______ s

300 s = ______ min ______ s

7

1 h = ______ s

1 Tag = ______ min

1 Woche = ______ h

Schriftlich addieren

1 **Umfahre die Aufgaben mit Übertrag.**
Rechne alle Aufgaben.

156 + 215 | 538 + 241 | 263 + 184 | 327 + 462 | 355 + 127

352 + 439 | 644 + 42 | 562 + 164 | 456 + 327 | 733 + 124

2 **Rechne nur die Aufgaben mit Übertrag.**

625 + 228 | 473 + 54 | 356 + 487 | 563 + 315 | 634 + 226

483 + 464 | 567 + 378 | 642 + 253 | 358 + 469 | 255 + 482

136 + 252 | 237 + 482 | 496 + 475 | 234 + 581 | 439 + 144

133 + 627 + 145 | 32 + 354 + 627 | 221 + 133 + 612 | 143 + 525 + 255 | 167 + 823 + 68

③ Schreibe untereinander und rechne.

a) 178 + 545 b) 647 + 69 c) 86 + 377

d) 245 + 87 e) 94 + 646

a) b) c) d) e)

④ Suche in jeder Aufgabe den Fehler.
Verbinde mit der passenden Lupe. Rechne richtig.

Platz für die richtige Rechnung.

517 + 326 833	69 + 138 1 828	434 + 269 1 1 704

477 + 46 1 1 522	464 + 239 693	156 + 75 1 906
238 + 425 653	538 + 125 1 664	52 + 476 996

1 **Umfahre die Aufgaben, bei denen du wechseln musst. Rechne alle Aufgaben.**

736 − 319	614 − 151	875 − 523	482 − 151	928 − 663
452 − 126	973 − 568	749 − 217	685 − 346	399 − 154

2 **Rechne nur die Aufgaben, bei denen du wechseln musst.**

627 − 483	864 − 283	576 − 114	553 − 228	913 − 381

Wie viele Aufgaben kann ich mir wohl sparen?

852 − 375	465 − 122	971 − 854	338 − 277	663 − 187
749 − 591	454 − 129	625 − 262	876 − 344	337 − 85
956 − 718	592 − 236	778 − 126	431 − 215	686 − 537

③ Schreibe untereinander und rechne.

a) 794 – 87 b) 513 – 164 c) 352 – 36

d) 946 – 287 e) 418 – 57

a) b) c) d) e)

④ Suche in jeder Aufgabe den Fehler. Verbinde mit der passenden Lupe. Rechne richtig.

623	465	947 (9 durchgestrichen, 8)
– 281	– 318	– 163
442	783	774

213 (2 und 1 durchgestrichen, 1 0)	857	586 (8 durchgestrichen, 7)
– 167	– 465	– 317
166	492	289

⑤ Rechne zur Kontrolle auch die Probe.

546	714	908
– 284	– 176	– 563

1 **Wie gelangt das Wasser zum Krokodil?**

2 **Gleiches Zeichen – gleiche Ziffer**

3 **Für Mathe-Super-Stars!**

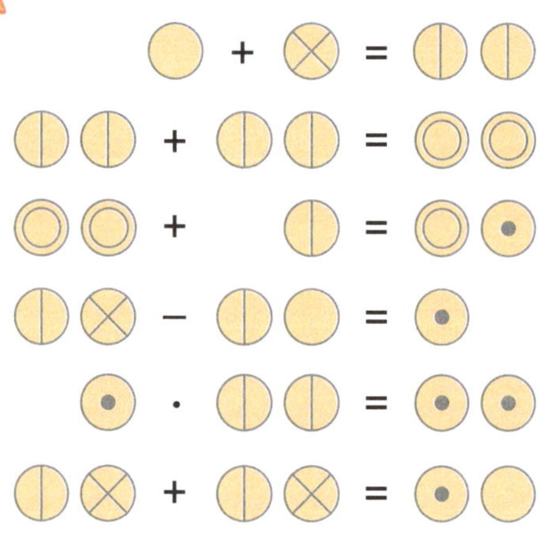

4 **Jede Obstsorte steht für eine Ziffer.**

5 **Simsala soll die Blume mit der Gießkanne gießen. An welcher Schnur muss sie ziehen?**

1

307	806	480	634	904
− 135	− 513	− 293	− 509	− 283

2

503	805	302	900	600
− 287	− 436	− 117	− 769	− 256

702	907	601	205	706
− 166	− 538	− 458	− 176	− 429

3 **Schriftlich oder im Kopf?**

630 − 217 = ______   900 − 725 = ______

406 − 198 = ______   1000 − 480 = ______

800 − 360 = ______   830 − 630 = ______

1000 − 152 = ______   501 − 250 = ______

703 − 404 = ______   600 − 241 = ______

4

	8,	6	7	€
+	4,	2	3	€

	5,	8	2	€
+	4,	3	7	€

		9,	8	5	€
+	1	7,	2	3	€

	6,	0	0	€
	1,	4	6	€
+	2,	8	5	€

5 **Schreibe untereinander und rechne.**

a) 3,47 € + 2 € + 4,65 €

b) 0,54 € + 5,30 € + 8 €

c) 4,58 € + 6,94 € + 0,63 €

d) 6 € + 0,73 € + 5,30 €

a) b) c) d)

6 **Welche Rechnungen stimmen?**

Goldene Gans	Alter Wirt	Grüner Baum
14,90	4,90	8,40
2,80	5,60	11,30
3,50	1,70	2,90
2	1	1 1
39,20	10,30	22,60
☐ richtig ☐ falsch	☐ richtig ☐ falsch	☐ richtig ☐ falsch

Rechne mit dem Ergebnis weiter!

① Hüpf im Päckchen:

a)

	5	3
	6̸	4̸	3
−	2	5	5
	3	8	8

$864 - 187$

$677 - 34$

$388 + 476$

b)

$179 + 543$

$602 - 423$

$722 - 484$

$238 + 364$

c)

$235 + 677$

$476 + 368$

$912 - 436$

$844 - 609$

d)

$576 - 388$

$47 + 529$

$803 - 756$

$188 + 615$

2 Für Mathe-Super-Stars:

	□	□	1
+	4	7	□
	1		
	7	0	7

	5	4	□
+	□	□	7
	1	1	
	9	3	1

	□	4	5
+	2	□	□
	1	1	
	6	1	1

	□	7	□
+	5	□	2
	1		
	7	1	3

	6	9	4
−	□	7	□
	3	2	1

		4	
	8	5̸	3
−	3	□	□
	5	1	8

	6		
	7̸	2	□
−	3	□	5
	3	6	2

		8	
	5	9̸	4
−	3	□	□
	2	4	6

Mein Tipp: Erfinde für deine Mitschüler Klecksaufgaben!

1

Karten: 6 · 24 · 4

4 · 6 = ___
6 · 4 = ___
24 : 6 = ___
24 : 4 = ___

Karten: 9 · 36 · 4

9 · 4 = ___
___ · ___ = ___
36 : 4 = ___
___ : ___ = ___

Karten: 24 · 3 · 8

3 · 8 = ___
___ · ___ = ___
24 : 3 = ___
___ : ___ = ___

2

Karten: 3 · ☐ · 7

3 ◯ ___ = ___
___ · ___ = ___
___ ◯ 7 = ___
___ ◯ ___ = ___

Karten: 2 · ☐ · 9

9 ◯ ___ = ___
___ ◯ ___ = ___
___ ◯ ___ = ___
___ ◯ 2 = ___

Karten: ☐ · 56 · 8

8 · ___ = ___
___ · ___ = ___
___ ◯ 8 = ___
___ ◯ ___ = ___

Achtung: Hier gibt es zwei Möglichkeiten!

3

Karten: 4 · ☐ · 8

4 ◯ ___ = ___
___ ◯ ___ = ___
___ : ___ = 8
___ : ___ = ___

Karten: 4 · ☐ · 8

4 ◯ ___ = ___
___ ◯ ___ = ___
___ : ___ = ___
___ : ___ = 4

1

8 · 2 = ___	6 · 4 = ___	4 · 8 = ___
8 · 20 = ___	6 · 40 = ___	4 · 80 = ___
14 : 2 = ___	32 : 4 = ___	56 : 8 = ___
140 : 20 = ___	320 : 40 = ___	560 : 80 = ___
8 = 4 · ___	28 = 7 · ___	72 = 9 · ___
80 = 4 · ___	280 = 70 · ___	720 = 9 · ___

2

4 · 3 = ___	7 · 6 = ___	3 · 9 = ___
40 · 3 = ___	7 · 60 = ___	30 · 9 = ___
27 : 3 = ___	42 : 6 = ___	54 : 9 = ___
270 : 3 = ___	420 : 60 = ___	540 : 9 = ___
180 = 6 · ___	540 = 9 · ___	360 = 4 · ___
180 = 60 · ___	540 = 90 · ___	360 = 40 · ___

3

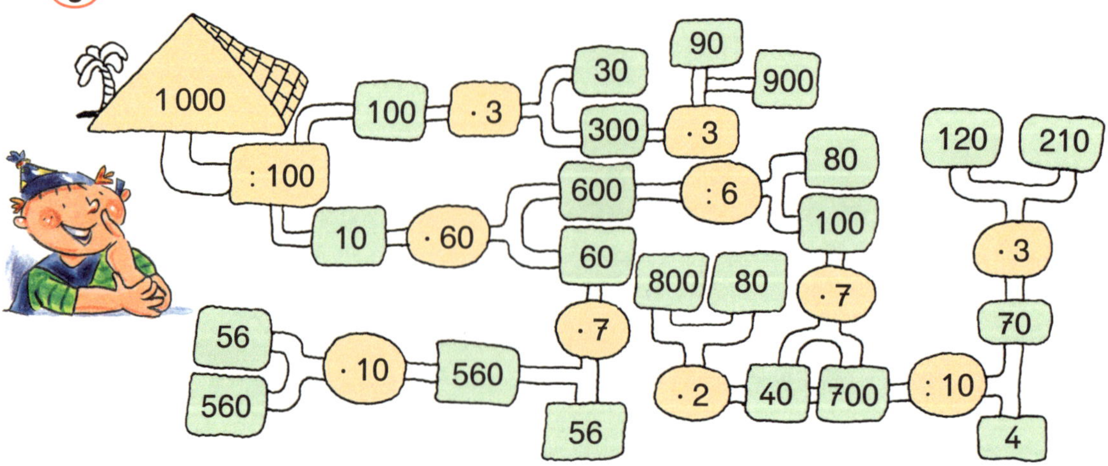

4

6 · 4 = ___	8 · 7 = ___	7 · 6 = ___
24 : 8 = ___	72 : 9 = ___	49 : 7 = ___
7 · 9 = ___	9 · 4 = ___	9 · 9 = ___
54 : 6 = ___	36 : 6 = ___	48 : 6 = ___

5

240	· 4	· 6	8 ·	12 ·	· 24
180	· 2	3 ·	6 ·	· 9	18 ·
360	3 ·	6 ·	· 9	· 18	36 ·
480	· 4	8 ·	16 ·	· 24	· 48

6

8 : 4 = ___	6 : 3 = ___	9 : ___ = 3
80 : 4 = ___	60 : 3 = ___	90 : ___ = 30
800 : 4 = ___	600 : 30 = ___	90 : ___ = 3
800 : 40 = ___	600 : 3 = ___	900 : ___ = 30
800 : 400 = ___	600 : 300 = ___	900 : ___ = 3

7

4	: 20	: 30	: 80	160 :	240 :
8	: 20	: 30	: 60	320 :	720 :

Halbschriftlich rechnen

1

a) 3 · 10 = ___
3 · 8 = ___
3 · 18 = ___

b) 7 · 10 = ___
7 · 5 = ___
7 · 15 = ___

c) 7 · 10 = ___
7 · 2 = ___
7 · 12 = ___

d) 3 · 10 = ___
3 · 9 = ___
3 · 19 = ___

e) 9 · 10 = ___
9 · 7 = ___
9 · 17 = ___

2

7 · 13 =	
7 · 10 =	7 · 3 =

6 · 15 =	
6 · 10 =	6 · 5 =

8 · 12 =	
8 · 10 =	8 · 2 =

7 · 16 =	
7 · 10 =	7 · 6 =

8 · 18 =	
8 · 10 =	8 · 8 =

9 · 19 =	
9 · 10 =	9 · 9 =

3

·	5	7	8
10			
3			
13			

·	3	7	5
10			
6			
16			

·	6	5	7
10			
4			
14			

1

·	3	5	8	7	6	9
4						
8						
6						

·	5	4	8	6	9	7
3						
7						
9						

2

18 ist teilbar durch (2) 3 4 5 6 7 8 9

24 ist teilbar durch 2 3 4 5 6 7 8 9

36 ist teilbar durch 2 3 4 5 6 7 8 9

42 ist teilbar durch 2 3 4 5 6 7 8 9

54 ist teilbar durch 2 3 4 5 6 7 8 9

3

17 : 3 = ______ R ______ 47 : 6 = ______ R ______

29 : 4 = ______ R ______ 55 : 7 = ______ R ______

37 : 5 = ______ R ______ 70 : 8 = ______ R ______

25 : 6 = ______ R ______ 52 : 9 = ______ R ______

4

·	2	4	5
10			
3			
13			

·	3	6	9
10			
7			
17			

·	9	7	8
10			
9			
19			

5

a) 35 : 7 = ______
350 : 7 = ______
350 : 70 = ______

b) 72 : 8 = ______
720 : 80 = ______
720 : 8 = ______

c) 54 : 9 = ______
540 : 90 = ______
540 : 9 = ______

1 Zahlen multiplizieren

·	20	2	22
7	140		

·	30	5	35
6			

·	40	8	48
5			

·	200	30	6	236
2				

2 Welche Blätter passen in welchen Korb? Rechne und verbinde.

200 · 3 ____

300 · 2 ____

20 · 2 ____

60 · 3 ____

100 · 6 ____

5 · 2 ____

2 · 3 ____

4 · 6 ____

20 · 6 ____

325 · 2 = ____

124 · 6 = ____

262 · 3 = ____

Für Mathe-Super-Stars!

3 Welche Aufgaben gehören zusammen? Verbinde.

20 · 8 =

39 · 3 =

22 · 8 =

40 · 3 =

21 · 8 =

38 · 3 =

4

624 : 8 =

560 : 8 = | 64 : 8 =

396 : 6 =

360 : 6 = | 36 : 6 =

824 : 4 =

800 : 4 = | 24 : 4 =

720 : 3 =

600 : 3 = | 120 : 3 =

545 : 5 =

500 : 5 = | 45 : 5 =

5

427 : 7 =	434 : 7 =	568 : 8 =	552 : 8 =
420 : 7 =		560 : 8 =	
441 : 7 =	413 : 7 =	584 : 8 =	576 : 8 =

366 : 6 =	354 : 6 =
360 : 6 =	
372 : 6 =	348 : 6 =

6

480	: 6		: 10		· 70		– 60		· 2	
20	· 6		: 4		· 5		+ 50		· 5	
250	– 40		: 3		· 6		– 20		: 4	

Längen : mm – cm – m – km

1

	Länge in cm und mm		Länge in mm
a	cm	mm	mm
b	cm	mm	mm
c	cm	mm	mm
d	cm	mm	mm
e	cm	mm	mm
f	cm	mm	mm
g	cm	mm	mm

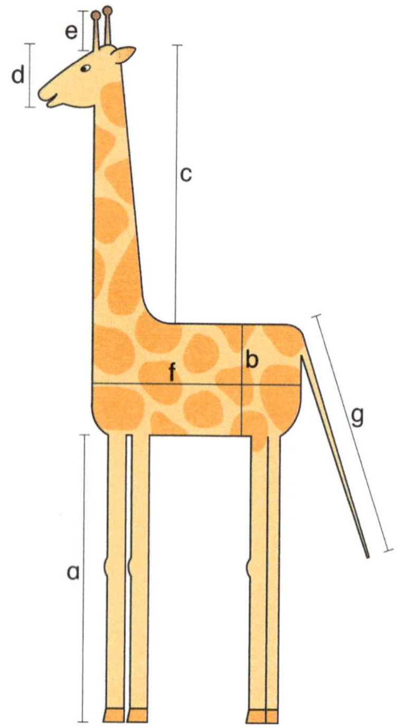

Rechne.

a + b = ________ mm = ________ cm

b + c = ________________________

d + e = ________________________

f + g = ________________________

2

2,14 m = 214 cm = 2 m ______ cm

5,29 m = ______ cm = ______ m ______ cm

______ m = 431 cm = ______ m ______ cm

______ m = ______ cm = 7 m 56 cm

______ m = ______ cm = 11 m 80 cm

______ m = 823 cm = ______ m ______ cm

3,09 m = ______ cm = ______ m ______ cm

3 **Gleiche Farbe für gleiche Länge**

218 cm	100 cm	73 cm	7,30 m	1 m
3,40 m	730 mm	340 cm	730 cm	2,18 m

④

km	m	
5	600	= 5600 m
7	300	=
0	250	=
4	615	=
		= 2300 m
		= 9875 m
		= 1050 m

⑤

1 km	
400 m	
	200 m
150 m	
	550 m
370 m	

10 km	
	4500 m
7100 m	
	1750 m
9880 m	
	3495 m

⑥ **Schätze und verbinde.**

550 km | 33 m | 30 cm | 2 mm | 1,86 m

1

kg	g	
6	500	= 6 500 g
2	800	=
0	750	=
5	950	=
		= 3 200 g
		= 7 250 g
		= 4 500 g
		= 1 380 g

2 **Wie viel wiegt der Einkauf?**

1 kg = 1 000 g | 500 g | 250 g | 100 g | 50 g | 10 g | 2 g

3 **Gleiche Farbe für gleiches Gewicht. Färbe ein.**

$\frac{1}{2}$ kg	2 500 g	5 000 g	$\frac{1}{4}$ kg	1 000 g
1 kg	250 g	500 g	2 kg 500 g	5 kg

4

1 t	
600 kg	
	800 kg
850 kg	
	450 kg
630 kg	

10 t	
	5 500 kg
2 900 kg	
	8 250 kg
9 450 kg	
	7 795 kg

Wiegt deine Klasse mehr oder weniger als 1 t?

5 **Verbinde.**

500 g	5 kg	250 kg	50 kg	5 t	150 t

6 1 Katze ist so schwer wie ___ Meerschweinchen.

1 Esel ist so schwer wie ___ Schafe.

1 Blauwal ist so schwer wie ___ Elefanten.

1 Elefant ist so schwer wie ___ Esel.

1 Schaf ist so schwer wie ___ Katzen.

1 Elefant ist so schwer wie ___ Schafe.

Du bist so schwer wie ___ Katzen.

Du bist so schwer wie ___ Meerschweinchen.

Wir sind zusammen so schwer wie 14 Katzen!

An einer Schule wurden Schüler 3. und 4. Klassen gefragt, wofür sie den größten Teil ihres Taschengeldes verwenden. Hier ist das Ergebnis der Umfrage:

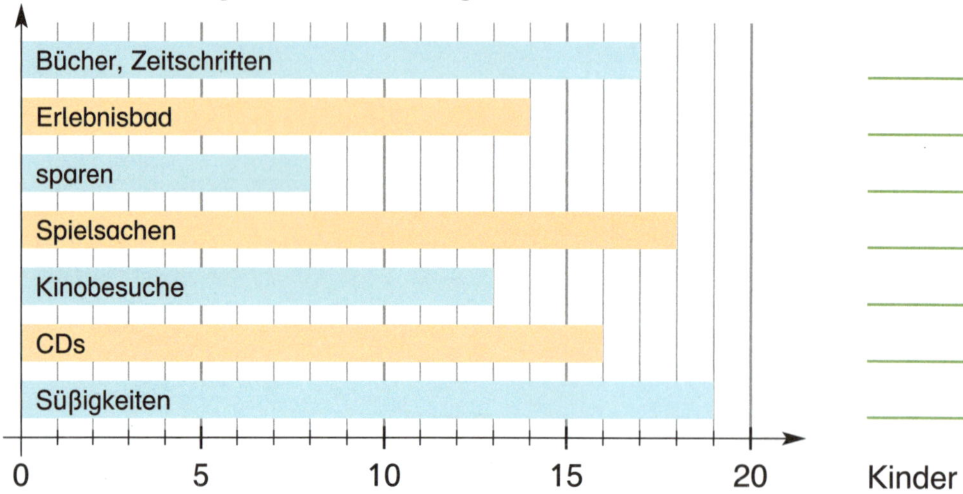

1 Lies das Schaubild genau, rechne und ergänze.

a) Wie viele Kinder nahmen an der Umfrage teil?

Antwort: ______ Kinder nahmen an der Umfrage teil.

b) Die meisten Schüler geben ihr Taschengeld für ____________________________ aus.

c) Das machen die wenigsten Kinder mit ihrem Taschengeld: ____________________________.

2 Welche Aussagen stimmen? Kreuze an ☒.

☐ Für Kinobesuche geben mehr Schüler ihr Taschengeld aus als für Süßigkeiten.

☐ Die wenigsten Kinder sparen ihr Taschengeld, doppelt so viele geben das Taschengeld am liebsten für CDs aus.

☐ Der Besuch im Erlebnisbad steht an dritter Stelle bei der Umfrage.

☐ Mehr Kinder geben ihr Taschengeld für Spielsachen aus als für Bücher.